U0171628

丝绸之路文化丛书——历史篇

天山瑰宝

玛纳斯碧玉的前世今生

王宇 著

GUANGXI NORMAL UNIVERSITY PRESS
广西师范大学出版社
·桂林·

图书在版编目（CIP）数据

天山瑰宝：玛纳斯碧玉的前世今生 / 王宇著. --
桂林：广西师范大学出版社，2020.9（2021.11 重印）
（丝绸之路文化丛书. 历史篇）
ISBN 978-7-5598-3188-0

Ⅰ. ①天… Ⅱ. ①王… Ⅲ. ①玉石－介绍－玛纳斯县
Ⅳ. ①TS933.21

中国版本图书馆 CIP 数据核字（2020）第 167600 号

广西师范大学出版社出版发行
（广西桂林市五里店路 9 号　邮政编码：541004
网址：http://www.bbtpress.com）
出版人：黄轩庄
全国新华书店经销
广西民族印刷包装集团有限公司印刷
（南宁市高新区高新三路 1 号　邮政编码：530007）
开本：880 mm × 1 240 mm　1/32
印张：8.75　　字数：180 千
2020 年 9 月第 1 版　　2021 年 11 月第 2 次印刷
定价：108.00 元

总序

丝绸之路曾经塑造了过去的世界，甚至塑造了当今的世界，也将塑造未来的世界。

2013年，习近平总书记提出共建“丝绸之路经济带”和“21世纪海上丝绸之路”的重大倡议，得到国际社会高度关注。在经济全球化背景下，复兴丝绸之路，属于“中国梦”的重要部分。从历史发展的眼光审视，丝绸之路彰显的是一种风雨兼程、同舟共济、心手相连的人类命运共同体意识。在21世纪的今天，我们有责任保存好丝绸之路这张识路地图，将它交给子孙后代，交给未来，交给与我们共生共荣、共建共享的世界。

昌吉回族自治州作为丝绸之路核心区的一个重要节点，具有深远的历史价值和现实意义。昌吉，地处天山北麓、准噶尔盆地东南缘，古称庭州。此区域为横亘南部天山的北坡，习惯称之为“天山北坡”。昌吉历史悠久，早在新石器时期就有原始人类活动。西汉神爵二年（公元前60年），汉朝设西域都护府后，历代中央王朝均在此设官置府。1954年，昌吉建州。

昌吉有骄人的辉煌和繁荣。历史上，随着丝绸之路开通，数千年来昌吉都是主要的通道区域，素有“丝路要冲，黄金通衢”之誉。区域内的神山博格达、汉代疏勒城、唐代北庭都护府、元代别失八里城、清代东西方商贸大道枢纽古城奇台，以及木垒四道沟出土的天山地区最早的谷子与小麦、呼图壁的康家石门子岩刻画、玛纳斯的天山碧玉等，俱为新疆历史的见证。新中国成立以来，昌吉这片古老而神奇的热土开辟了历史发展的新纪元。西部大开发战略的实施，给昌吉的全面振兴带来了宝贵的机遇，经济社会持续快速发展，现代化建设日新月异。

今天，昌吉州独特的天山北麓经济带地理区位、厚重的丝绸之路历史底蕴，在“一带一路”核心区新疆发展大潮中又一次重回潮头。

以史为鉴，可以知兴替。

丝绸之路文化丛书的出版，有助于我们更好地了解昌吉的过去，把握昌吉的今天，展望昌吉美好的未来。

丛书历史篇包含《天山的种子——木垒的历史与文化》《古城驼铃——湮没的丝路奇台商道》《神山博格达》《天山女神——康家石门子岩刻画文化探新》《天山瑰宝——玛纳斯碧玉的前世今生》五卷，通过山川风物的开掘呈现，涵盖丝绸之路精华焦点，重现“一带一路”途经的千年古迹、沧桑古道。

丛书内容精当，史料翔实，脉络清晰，图文并茂，融知识性、可读性于一体，为广大读者提供了一种独出心裁的视角，让我们有了一个了解昌吉历史文化的读本，有了一个展示昌吉历史文化的窗口。

历史文化是一个地方的根脉与灵魂。回顾并梳理昌吉的历史文化，可以从一个极为重要的角度了解中华文明及其对人类文明的伟大贡献，延续优秀文化之脉，增强我们创建现代文明的自信心与自豪感。

回顾历史的进程，我们深深地感到，每一代人都承担着自己的历史使命。在建设中国特色社会主义的道路上，在实现中华民族伟大复兴的进程中，奋发图强，加快发展，为昌吉的全面振兴奠定坚实的基础，是我们义不容辞的责任。知史明志，我们应当多一点责任感和紧迫感，以求无愧于历史。

我们坚信，昌吉在共建“丝绸之路经济带”的进程中必将再创辉煌，昌吉的明天将会更加美好。

前言

玉的使用在我国不少于9000年，且一直持续至今，玉文化是我国文化传统中从未间断的文化形态，在世界范围内也具备独一无二的文化属性，特别是其蕴含的“君子比德于玉”的道德观念和人文精神深深根植于中华民族的血脉当中，在中国优秀传统文化的丰厚宝藏中，中华玉文化独树一帜。

玛纳斯碧玉，因产于天山北麓的玛纳斯而得名，是中华玉文化的重要组成部分，在全世界碧玉体系中占有重要一席，在我国用玉制度的历史长河中地位尊贵。玛纳斯碧玉矿有“皇家玉矿”之称，其所产碧玉在清代乾嘉时期雕刻出众多精美华贵的玉器。因碧玉玉器在中国玉器史中数量稀少，所以清代玛纳斯碧玉所琢玉器无论是数量还是其精致程度，都具有独一无二的特征，在中华玉文化史上留下了浓墨重彩的一笔。

新疆维吾尔自治区昌吉回族自治州玛纳斯县坐落于天山北麓，自古以来就是丝绸之路上的重镇，更因盛产碧玉而闻名遐迩，有“天山金凤凰，碧玉玛纳斯”的美誉。从早期历史来看，丝绸之路的前身为玉石之路，早在商朝时期，来自新疆的和田玉石已经源源不断地输入中原王朝，可以说玉石产自新疆，却在中原开花结果，这是中华民族统一共融、共同繁荣的确凿证据，也是西域和中原地区几千年来文化和物质交流的最有力证明。玛纳斯碧玉开发历史悠久，尤其在清朝时期地位尊贵，可以说玛纳斯碧玉文化是中国各族人民共同创造的、多元一体、融合开放的特殊文化形式，也是最具有地域性的新疆特色文化之一。

本书旨在从中华玉文化的重要意义、玛纳斯碧玉历史文化、玛纳斯碧玉在清代的开采运输、清宫玉器和当代玉器鉴赏、玛纳斯碧玉产业发展等角度进行全方位的介绍，给爱好玛纳斯碧玉的读者呈现一本解读玛纳斯碧玉的“百科全书”。

万古长河，中华玉文化群星璀璨，关于玛纳斯碧玉的研究，本书只是抛砖引玉，涉及古代碧玉器的对比、玛纳斯碧玉矿物学、碧玉历史文化的梳理发掘等还有很多工作需要做，希望越来越多的人关注新疆昌吉，关注玛纳斯县，关注玛纳斯碧玉，共同推动中华优秀传统文化在新疆的创造性转化和创新性发展，通过弘扬玉文化推动文化润疆工程的落地生根。

目录

绪论　中华文明视野下的中华玉文化 / 1

第一节　中华玉文化在当代的“创造性转化”和“创新性发展” / 1

第二节　玉器时代 / 9

第三节　史前玉文化与中华文明起源 / 18

第四节　中华玉文化研究和玛纳斯碧玉研究综述 / 29

第一章　何为碧玉？ / 46

第一节　何为碧玉 / 46

第二节　碧玉的产地与分类 / 54

第三节　玛纳斯碧玉基本情况 / 65

第四节　关于玛纳斯碧玉检测的问题 / 71

第二章　玛纳斯碧玉的前世今生 / 78
第一节　传说中的玛纳斯碧玉 / 78
第二节　清代宫廷贡玉 / 85
第三节　玛纳斯碧玉的开采 / 96
第四节　玛纳斯碧玉的运输 / 102

第三章　“玉痴”乾隆与玛纳斯碧玉的故事 / 119
第一节　乾隆玉缘 / 119
第二节　乾隆玉工 / 125
第三节　乾隆玉诗 / 128

第四章　清宫旧藏玛纳斯碧玉鉴赏 / 131
第一节　玺印 / 131
第二节　精品玉器 / 151
第三节　仿古玉器 / 168

第五章　品味当代玛纳斯碧玉 / 181
第一节　影响玛纳斯玉器价值的主要因素 / 181
第二节　玛纳斯碧玉的精雕细琢 / 196
第三节　如何评价玛纳斯碧玉的雕与琢？ / 206
第四节　玛纳斯玉器的常见技法与作品欣赏 / 219

第六章　玛纳斯碧玉文化产业发展 / 231
第一节　玛纳斯碧玉文化产业的重要意义 / 231
第二节　新疆玛纳斯碧玉行业发展现状 / 235
第三节　新疆玛纳斯碧玉石行业存在的问题和思考 / 243
第四节　玛纳斯碧玉文化产业发展的路径 / 247

主要参考文献 / 253

后　记 / 264

绪论　中华文明视野下的中华玉文化

第一节　中华玉文化在当代的“创造性转化”和“创新性发展”

玛纳斯碧玉文化是中华玉文化的重要组成部分。在中国优秀传统文化的丰厚宝藏中，中华玉文化独树一帜，玉的使用在我国不少于9000年[1]，且一直持续至今，玉文化是我国文化传统中从未间断的文化形态，在世界范围内也具备独一无二的文化属性，特别是其蕴含的“君子比德于玉”的道德观念和人文精神深深根植于中华民族的血脉当中。玉文化是千年中华文明的铁证，是中华优秀传统文化的重要根脉，是中华民族精神道德的鲜明标志，是弘扬社会主义核心价值观的重要载体，玉文化还是促进新疆各族

1　2019年在黑龙江省饶河县乌苏里江左岸小南山遗址发掘的玉器经碳十四检测距今9200—8600年，种类有玉玦、玉环、玉管、玉珠等，以透闪石玉为主，为目前我国发现最早的玉器。

人民对于中华文化的认同的有力抓手。中华优秀传统文化在当代实现创造性转化、创新性发展，中华玉文化具有重要的价值和意义。

一、中华玉文化是千年中华文明的重要标志

我国近代地质学家章鸿钊在《石雅》一书中写道："夫玉之为物虽微，使能即而详焉，则凡民族之所往反，与文化之所递嬗，将皆得于是征之。"玉是中华悠久灿烂文明中最具代表性的物质载体之一，是中华文化的一朵奇葩，玉的使用和文化的传承，在中华文明的起源、发展和演变中从未间断。20世纪以来，中国考古发掘出了大量史前玉器，从史前6000年前北方辽河流域的红山文化，到长江流域的良渚文化；从4000年前"三皇五帝"时期陕西黄土高原的石峁文化，到黄河中下流域的龙山文化—华夏文明的形成，玉的使用是先夏时代历史存在的重要证明。山西陶寺遗址和河南二里头遗址与我国的"夏代"时期基本吻合；20世纪甲骨文和殷墟的发现，一直到20世纪70年代妇好墓的发掘，其中出土了755件玉器，已完全确定了商朝及其武丁时期的确切年代。玉器的出土印证了中国古代历史，也填补了文字和文献的空白。从文明探源来看，玉是千年文明的重要佐证之一，学术界关于文明的定义，基本都是基于西方学者关于文明的标准，因为玉在中国文化中具备"唯一性"且对于中华文明的起源、发展、演变具有重要价值。

玉器与中国千年文明相辅相成，中国社会科学院学部委员王巍谈道："在研究中华文明起源过程中，我深深地体会到，玉器在中华文明起源中占有极为重要的地位。从某种意义上来说，离开玉器，就无法深入研究中华文明。研究中华文化更离不开对中国玉文化的研究。"[1]玉不是普通的石头，也不是单纯的一种矿物质，在千年中华文明的历史长河中扮演着重要角色，按照马克思主义理论，物质决定意识，物质的发展影响精神和文化的改变，玉文化是依托于玉这个物质而产生、发展、演化并最终成为中华文明中的重要组成部分。玉在神权支配的远古社会里，是沟通上天的神器；在帝王主宰的封建社会里，它又是王权最神圣的象征；在古代士大夫的眼里，它又是君子的物质象征；它温润莹洁、多彩多姿，它是山川的精华、大自然的造化，可以说玉是中华大地上迄今为止最古老、最完整、最具文化信息的物质和文化载体。[2]晚清至民国时期民主革命者刘大同谈道："伏思吾国文艺之开化，以玉为最古，其他皆在其后。"[3]

二、玉文化是中华优秀传统文化的重要根脉

费孝通先生在晚年谈到，在纷繁的、独具特色的中国文化中，他想到了中国古代的玉器。玉器在中国的历史上曾经占有很重要

1　刘国祥，于明主编《名家论玉》，科学出版社，2008，前插第1页。
2　李宏为：《乾隆与玉》，华文出版社，2013，第1页。
3　刘大同：《古玉辨》，中州古籍出版社，2013，第5页。

的地位，这种现象是西方所没有的，或者说是很少见的。我们考古学界是否可以将对玉器的研究作为切入点，从更深刻的层面上阐述玉器在中国文化中所包含的意义，把考古学的研究同精神文明的研究结合起来。

8000年以来，玉的功能也有一个演变的过程，远在新石器时期，比如在红山文化、良渚文化、凌家滩文化、石家河文化里出土的玉器表明，玉器更多地承载着通神与祭祀的功能，与“巫”紧密相关——“巫以玉事神”。西周之后，随着玉器使用得更加广泛而逐渐“祛魅”，玉的内在含义与君子的德行和国家的礼制联系在一起。孙庆伟教授曾提出，“洞察周代的‘德’和‘君子’，则可知玉是周代主流社会主导思想的载体和象征物”[1]。从周开始到汉代，玉德的概念也有一个逐渐发展的过程，先秦至汉时期，管子、孔子、荀子，汉代的董仲舒、刘向、许慎都提出了玉德学说，把人的德行和玉的物理特性合二为一，玉成为古代君子的参照物，成为中国儒家文化的物质载体。玉文化是中华优秀传统文化中具有中国特色、中国风格、中国气派的文化形式。

三、玉文化是弘扬社会主义核心价值观的重要载体

习近平总书记强调，培育和弘扬社会主义核心价值观必须立足于中华优秀传统文化，中华传统美德是中华文化的精髓，蕴含

1　孙庆伟：《周代用玉制度研究》，上海古籍出版社，2008，第298页。

着丰富的思想道德资源，同时要切实把社会主义核心价值观贯穿于社会生活的方方面面，把传统美德制度化。

中华玉文化的“玉德学说”很多都与社会主义核心价值观息息相关。孔子说“君子无故，玉不去身”，所谓君子，是指有道德、有担当、有社会责任感的人。古代的君子之所以一定要佩玉，是因为玉不仅是大自然的精华，而且其物理属性契合君子的品德，所以《礼记》里记载：“君子比德于玉”“君子无故玉不去身”，玉文化蕴含的玉德思想完全契合社会主义核心价值观培育的要求。

玉文化的精髓是“玉德”，古人君子之风的物质载体就是玉，孔子在《礼记》中提倡的玉的“十一德”：“温润而泽，仁也；缜密以栗，知也；廉而不刿，义也；垂之如队，礼也；叩之，其声清越以长，其终诎然，乐也；瑕不掩瑜，瑜不掩瑕，忠也；孚尹旁达，信也；气如白虹，天也；精神见于山川，地也；圭璋特达，德也；天下莫不贵者，道也。”管仲在《管子》里提出玉德九德说：仁、智、义、行、洁、勇、精、容、辞；荀子提出玉德七德说；汉代的许慎在《说文解字》里又归纳出玉的五德：仁、义、智、勇、洁。玉德几乎凝练了中国人最美好的德行，可以说是古代社会的“核心价值观”。这些美好的德行在当代仍然有着重要的价值，是中华民族精神道德的表征和载体。

四、玉文化是研究我国国家起源与文化制度的一把钥匙

玉的使用与中国国家的起源有着紧密的联系。关于对中国国

家起源的研究，恩格斯在《家庭、私有制和国家的起源》一书中从马克思主义理论的角度分析了古希腊等西方国家的起源理论，对东方国家虽有涉及，但由于材料缺乏，并没有对中国古代国家起源的研究进行分析。20世纪以来，考古学对于探究中国古代国家起源起到了很大的推动作用，特别是对于中国“文字”出现之前的历史，考古学成为对照先秦文献的唯一对比手段，而玉的发掘和考证成了探究国家起源的独特视角。

通过考古发掘来看，玉料的开采到玉器的一系列程序的加工生产，离不开社会分工，反映了阶级分化；从玉器的器型的角度分析，玉在中国史前的区域使用和传播与中原王朝的构建、形成也有重要的关联，比如说玉牙璋、玉柄形器、玉戈等，通过不同出土地点的玉器，对比文献，可以窥探到史前“无文字”时期的政治编码。从8000年前的兴隆洼，到夏早期的石峁文化和二里头文化，夏商周之前的历史的考证很大程度上就要借助于玉这种物质。夏鼐先生曾指出考古学的重要价值和政治意义所在，他认为，考古学并不止于物质本身，而是把研究对象聚焦于社会现象，我们可以通过实物来研究社会组织、经济状况和文化面貌，按照马克思主义理论的研究方法，从生产方式到意识形态，以探求中国国家和文明的起源乃至人类社会发展的规律。

早在大禹时期，当时已经是“执玉帛者万国”的城邦林立时期，万国朝宗拿的是玉，为什么拿玉？因为玉是政治权力象征，是政治仪式的重要政治符号，玉是中国古代政治仪式中可以与神对话通天的“神器”，被赋予了最高政治权力。远古中国并没有文字记载，但通过结合先秦时期的文献，再通过考古发掘的玉记录的信息，可以反映出当时那个时期蔚为壮观的用玉制度。《周礼》和《礼记》中玉占据了很大篇幅，如果没有玉器的使用，就没有完整的中国传统礼制。

从中国古代政治制度和政治文化角度，玉这个物质太重要了，对中华玉文化的研究，是研究中国古代政治文化、政治制度的发展变化的一个独特视角。已故的著名考古学家、良渚文化研究专家牟永杭先生认为："玉之所以能够在中华民族的心理上造成如此深刻而长远的影响，其原因之一是这种被赋予山岳精英的矿物，对中国古代文明的诞生起了催酶的作用，进而将随着文明而来的政治权力，牢牢地包裹在了神秘的袍套之中。可以说超越自然属性的玉和政治的神秘化共同熔炼了中华民族的心理素质。"[1]

五、玉文化是研究中国边疆治理的一面镜子

玉对于国家治理特别是边疆治理有重要意义。丝绸之路耳熟能详，而丝绸之路才2000多年，比丝绸之路更早的是玉石之路，而这就要归功于考古学、矿物学、历史学等多学科的考证。据考古证明，早在不晚于商中晚期时，来自昆仑山北麓的和田玉石就已经被中原王朝大量使用，中国社会科学院考古研究所发掘的殷墟妇好墓755件玉器中大部分都是来自新疆的和田玉。从考古学和矿物学的角度，新疆和田玉进入中原王朝的时间，早于丝绸之

1　浙江省文物考古研究所等编著《良渚文化玉器》，文物出版社，1989，前言第12页。

路近2000年。从这个角度来看，玛纳斯碧玉和和田玉具有同样的意义，因为新疆玉料的传送对于新疆与中原的关系意义太大了，因为这是切不断的连接，可以说如没有西域、没有昆仑山、没有玉石，那就没有所谓的中华玉文化的整全性和儒家“君子比德于玉”的思想。以玉作为研究对象，是研究中国传统政治文化和古代边疆治理的一个独特视角，而且对于史前中国特别是无文字时期的古代中国，玉因为其特殊的物理特性成为记录历史和古代政治的重要政治符号。

六、玉文化可以凝聚新疆各族人民对中华文化的认同

在中华玉文化的构成体系中，新疆玉文化具有举足轻重的地位。玛纳斯碧玉是新疆的瑰宝，闻名中外，但玛纳斯碧玉的价值不仅在于其名贵美观，更重要的是其自身蕴含的历史文化价值和所具备的精神属性，其自古以来就是新疆与中原融为一体的物质见证。

玉石产自新疆，却在中原开花结果，这是中华民族统一共融、共同繁荣的确凿证据，也是我国西部和中原地区几千年来文化和物质交流的最有力证明，玉文化是中国各族人民共同创造的、多元一体、融合开放的特殊文化形式，也是最具有地域性的新疆特色文化之一。深入研究玉文化，对于复兴中华优秀传统文化、传播中华文化，用事实证明新疆自古以来与中华文明同为一体极其重要。

国家认同是一种最基本的公民意识，是公民对自己祖国的历史文化传统、道德价值取向、理想信仰信念的认同感，是维系各民族团结与发展的基本纽带。作为中国特色和新疆地域特色双重特点的玛纳斯碧玉，已成为我国独特的文化矿产，对于实现中华文化认同具有重要价值，玉文化作为中华优秀传统文化可以起到文化润疆的作用，在实现文化认同上发挥文化引领的作用。

第二节　玉器时代

关于中华文明，总是说有5000年历史，这是按照《史记·五帝本纪》最早的记载，然而5000年前后的中华文明并没有文字发现或像古埃及古巴比伦一样的城市、金属等象征文明的考古遗迹，那么中国文明5000年的历史证据在哪里？总不能用神话或者口耳相传的传说来验证，有没有现实的物质作为印证？著名考古学家苏秉琦先生曾说，“灿烂的中华文明具有自己的个性、风格和特征，迫切需要找到自己的渊源”[1]。玉器的制作和使用是5000年前中国文明区别于其他文明的物质载体之一，玉无疑是一个探讨中国国家和文明起源的最佳切入点。

著名考古学家夏鼐先生认为，探讨中国国家和文明的起源不能仅仅依托于文字，因为夏及史前更早的时期都没有文字，商也是19世纪末才发现殷墟的甲骨文，更应该倚重于考古发掘的实证资料，因为中国文明的起源问题，像别的古老文明的起源一样，

1　苏秉琦：《中国文明起源新探》，辽宁人民出版社，2009，第87页。

这一历史阶段正在文字萌芽或初创的时代，纵使有文字记载，也不一定能保存下来，所以这只好主要地依靠考古学的实证资料作证。[1]中国文明的起源和玉器时代的确立，具有改写中华文明历史的作用，众所周知中华五千年文明，包括《史记》里所记载的五帝时代，在距今5000年前有一个重要的现象：玉器的大量出土，也由此引出了关于“玉器时代”的说法。提起玉器时代，它是与其他三个时代相关联的。国外考古学家根据人类制造使用工具的历程一般将人类早期历史划分为：石器时代—青铜时代—铁器时代三个时代，自20世纪随着考古发掘的深入，华夏大地出土了大量史前玉器，玉器时代的概念孕育而生，相对应古代文献也有记载，东汉袁康在《越绝书》中记载了楚王与风胡子的对话，其中谈道：

“轩辕神农赫胥之时，以石为兵，断树木为宫室，死而龙臧，夫神圣者使然。至黄帝之时，以玉为兵，以伐树木为宫室，斫地，夫玉亦神物也，又遇圣主使然，死而龙臧。禹穴之时，以铜为兵，以斫伊阙，通龙门，决江导河，东注东海，天下通平，治为宫室，岂非圣主之力哉。当此之时，作铁兵，威服三军，天下闻之，莫敢不服，此亦铁兵之神，大王有圣德。”

这段话字数不多，但信息量很大，概括下来有以下几点：

一是明确区分了“玉”和“石”。风胡子说以石为兵和以玉为兵的不同，石和玉完全是两个概念，而现在很多人把美丽的石头都称为玉，这其实是断章取义了汉代许慎的定义，许慎在《说

1　夏鼐：《中国文明的起源》，文物出版社，1985，第81—82页。

文解字》里的确说过玉是“石之美者”，但后边除了玉石特征之五德外，在以玉字为偏旁的其他字里还明确说了“石之似玉者”和“石之次玉者”。其中“石之似玉者”有20个字，分别是：瑀、珁、琅、玦、璅、琎、璠、璁、琥、瓘、琬、瑄、璶、琟、瑦、瑂、璒、玜、玗、瑎；“石之次玉者”6个，分别是：玤、玲、琇、玖、瓇、珣。所以说这直接区分了玉和石的不同。举一个例子：珉，《说文解字》释意也是“石之美者”，但是没有“玉”后边的五德，也就不是玉，但与玉有关。那到底玉和石有什么区别？以现代矿物学的检测来看，这涉及玉的物理特征，玉是透闪石，如现在的“和田玉”。古人很厉害，他可以通过目测和使用来完全区分玉和石，而关于玉的物理特性，其实也是“玉德”所指明的特征。

《礼记》中记载了孔子与子贡谈玉和珉的区别。子贡问于孔子曰：“敢问君子，贵玉而贱珉者何也？为玉寡而珉之多与？”孔子曰：“非为珉之多故贱之也，玉之寡故贵之也。夫昔者，君子比德于玉焉。温润而泽，仁也；缜密以栗，知也；廉而不刿，义也；垂之如队，礼也；叩之，其声清越以长，其终诎然，乐也；瑕不掩瑜，瑜不掩瑕，忠也；孚尹旁达，信也；气如白虹，天也；精神见于山川，地也；圭璋特达，德也；天下莫不贵者，道也。《诗》曰：‘言念君子，温其如玉。’故君子贵之也。”

可见孔子用的不止五德，而是十一德。刚才谈到了玉的物理特性，其实完全可以一一对应。温润而泽，代表了玉的润度；缜密以栗，代表了玉的密度；廉而不刿，代表了玉的韧性；垂之如队（坠），还是说明了玉的比重大、密度高；叩之，其声清越以长，其终诎然，这说明了玉材质的特殊性，也就是清脆悦耳，古人说“佩玉锵锵”，玉会发出石头所没有的声音，与透闪石的材质有关；瑕不掩瑜，瑜不掩瑕，这是因为玉是透闪石，瑕瑜自现，材质的好坏一目了然；孚尹旁达，表明了玉色彩的丰富，比如说和田玉就有白、碧、青、墨、黄五大色系；气如白虹，表明了白玉的尊贵，古人尊白为贵；精神见于山川，因为玉产自山里，是山川精英；圭璋特达，圭璋是聘礼的重要载体，君主拿圭璋聘贤德之人，被聘的人要返回圭璋给君主，代表德行；天下莫不贵者，这表明了玉至高无上的贵重价值。

区分玉和石是一个前提，这说明了玉不是普通的石头那么简单，玉就是玉，古人在漫长的生产生活中因为玉的内在物理特性致使能够区分玉和石的差别，并赋予了玉政治属性和精神价值。这就涉及了“玉器时代”中玉的第二特征。

二是界定了玉的一个功能——“为兵”。也就是说，玉曾经作为过兵器，这也是“玉器时代”的重要标志。而玉作为兵器可以通过大量的考古发掘佐证，无论是砍砸器，还是戈，这些都是明确的兵器。国之大事，在祀与戎，军事是中国几千年来政权最重要的支撑之一，黄帝时期玉作为了军事“唯一”武器而存在。

三是明确了玉在黄帝时期的地位——“神物”，这其实也是史前玉器最重要的属性，也是国之大事中的另一个组成部分——“祀”，这又涉及祭祀的权力，反映了距今4700年前的黄帝时期玉“通神”的重要功能，特别在红山文化、凌家滩文化和良渚文化中体现得最为明显。

四还是关于“夫玉亦神物”这句话，“亦”字说明了：不止黄帝时期玉是神物，在黄帝时期之前的石器时代，玉就已经作为通神事神之物而存在。考古发掘证明，无论是红山文化的祭坛和女神庙，还是良渚文化的玉琮等大量礼器，都可以佐证玉作为“神物”这一通神之功能。此外，“夫玉亦神物”还隐含了一个信息，就是黄帝时期玉还具备神物之外的其他属性，也就是权力象征、特殊兵器、区分等级和实用装饰等功能。

五是通过“伐木”和“断木”的区别，说明了石和玉硬度、韧性等物质属性的不同，刚才在第一点里已经给出了详细的说明，这是古人朴素的生产生活经验，符合马克思关于人类社会发展规律的理论，玉的使用和出现，最早就是源于古人对于玉这种材质硬度的认知，古人生产生活一般就地取材，在渔猎、耕种、打磨等生产生活中发现了玉这种材质不同于一般石头，伐木和断木一字之差，可以看出玉的最初的实用功能，玉的坚韧属性使得玉脱颖而出。

六是“斫地”，《说文解字》里“斫”作砍意，意思是玉可以用来砍地，砍地这就又说明了玉的一个属性，应该是耕种，那么就涉及一个玉制器物——牙璋。

七是“圣主使然”，说明使用玉的人有严格的界限和等级，圣主是谁？风胡子没有明说，但从黄帝时期到后边的“禹穴”，可以得出应该是黄帝到大禹中间的“王”们，按照古史的记载，也就是传说中的“三皇五帝”。著名历史学家李学勤先生认为，中华大地也有自己的英雄时代，这就是传说中的“五帝”时代，即始于“以玉为兵”的黄帝终于“以铜为兵”的禹。由此可知，我国是在由玉器向青铜时代过渡的过程中，完成了向文明的过渡，为夏王朝的建立奠定了基础。[1]

八是“死而龙臧”，这反映了黄帝时期已有葬玉制度的存在，也反映了当时古人对于玉与生死关系的理解，这与玉的“通神”“通灵”的功能是一脉相承的。在红山文化、良渚文化等所有史前墓葬中，玉器都是最高等级的陪葬物。

九是“玉器时代”的提出。虽然风胡子没有直接提玉器时代，但他在对话中明确划分了石、玉、铜、铁四个时代的区别，张光直先生在20世纪90年代就提出了对玉器时代的思考，作为中国本土的文化载体，玉的确是原生性、最能代表中国5000年政治文明的物质载体。臧振先生在《“玉器时代”与中国文明起源》一文中认为，文献记载和考古发掘相互佐证，证明玉器时代的存在。他认为，《山海经》《穆天子传》《逸周书》《管子》等书中有关昆山美玉的记载都是历史真实的展现。而西北玉石之路的开通又必然促使北方草原或河西走廊成为一条生命力极强的大道，一条联络东西部文化交流的大动脉。于是我们看到，殷墟妇好墓、西周晋侯墓、上村岭虢国墓、随县曾侯乙墓、满城中山靖王墓、广州南越王墓……举凡规格较高的大墓，必有丰富的玉器随葬，且其中大多为昆山美玉。这些玉料，都是在张骞通西域之前来到中原的。玉文化的研究打开了人们的眼界：原来，在2000年之前，从

1　李学勤主编《中国古代文明与国家形成研究》，中国社会科学出版社，2007，第134页。

“玉器时代”到“青铜时代”再到“早期铁器时代”，玉文化犹如一个杠杆、一个枢纽，已经把东西南北的中华各民族拧到了一起。邹昌林在研究中国古代国家和宗教中也发现了玉器时代的重要性，他说，玉器时代是否是文明时代，目前虽还有争论，但由于发现了大量的这个时代的古城址，看来随着考古的发现，将其明定为公认的文明时代，已经为时不远……玉器文明被完整地保留在中国传统之中，这是中国文明不同于其他文明的重要特色。由于玉器特别注重本身内在质地的精神气质，所以，中国文化从文明起源之初起，就是特别注重精神追求向道德方面发展的文化，这与中国的传统完全是一致的。[1]

从政治学角度看，比玉器时代更重要的价值在于，风胡子这段论述基本诠释了玉在我国政治文明中的重要作用和功能。探究玉与中国古代政治的关系，前提是要了解玉在我国史前文化中的使用。

通过对历史的研究，从古猿类进化到人类一共经过将近1000万年，人类真正的形成时间距现在有将近200万年。我们国家是世界上历史最悠久的国家之一，也是形成文明社会最早的国家之一，但是按照文献记载也只有5000年左右的时间，相比较人类形成的时间是特别短的，我们现在研究的历史基本上也都是从我国建立文明社会之后开始的，形成文明社会的前一时期是新石器时代，这个阶段距离现在差不多有一万年了，在文明社会形成的前

1　邹昌林：《中国古代国家宗教研究》，学习出版社，2004，第36页。

5000年，是新石器时代发展最为快速、取得进步最大的时期，所以对于新石器时代文化的研究对于我们国家古代历史的研究有重要的作用。

依据我们国家古代历史传记对于新石器时代发展的记录，其发展主要有四个最重要的发源地：因为人们的生活是离不开水的，所以这四大发源地都是紧靠着我们国家几条重要的河流，分别是黄河和长江以及辽河，还包括东部沿海地区。这些地方适合人们生存，自然资源比较丰富，所以人们大都在这几个地区定居，其他地方也出土过玉器，对于研究我们国家玉器文化都有很大的帮助，综合形成了辉煌的中华玉文化。

我们国家新石器时代发展可以分为两个阶段，第一个阶段是玉器发展的初始阶段，第二个阶段是玉器快速发展的时期。首先介绍第一阶段，时间是从新石器时代开始后的3000年左右，距离现在大约有8000年，玉器出现了萌芽发展的态势，形成了几个重要的区域，包括今天的内蒙古和辽宁，以及中原地区和浙江等地，这些地区都根据各自自然风光以及文化的不同，形成了各自的玉器文化，在后续的研究中以及考察当时出土的文物可以发现，当时生产的玉器都是一些比较简单的用具，并没有非常独特的文化装饰作用，外观也都比较单一，说明当时的人类最看重的应该还是玉器的实用性。

第二个阶段玉器迎来了高速发展的时期。从时间上距离现在大约6000年前，发展到距离现在4000年的阶段，中间这2000年玉器的发展非常迅速，并且代表的含义也在慢慢发生变化。这个时期我们国家的社会形式正在发生着重大改变，人类已经开始逐步走向了文明社会，社会发展发生了很大变化。当时我们国家已经形成了几个著名的文化地点，包括东北、山东和华中以及长江流域等地。对这些地区文化的形成的发现是由后来对出土文物的研究得出的结果，可以毫不夸张地说，在我们国家任何一个地方都曾挖到非常多的玉器，相比较第一阶段，这个时期的玉器结构更加合理，外表更加美观，人们使用越来越方便，最重要的一点就是数量上取得了很大进步。玉器生产的种类上也发生了很大改变，可以应用于不同的场合和需求。出土的文物中带有图像的也特别多，最明显的就是动物的图像，也有人的图像，生产的质量相比较新石器时代初期取得了很大进步。对于中国玉器文化的研究最重要的就是玉器可以代表人们的等级地位，通过佩戴的玉器的不同种类，反映出人们的社会地位，使玉器具有了礼仪上的代表作用。这对于我们研究我们国家玉器的发展历史具有很重要的参考作用。

玉器在我们国家经历了初期的新石器时代之后，已经发展出具有全国性质的用玉风气，虽然每个区域之间的联系比较少，但是玉器的发展文化和发展历程还是有很多的相似之处，无论是玉器的形状还是用途都有着异曲同工之妙。从玉器在我们国家发展的过程来看，在进入文明社会的初期，我们国家已经形成了非常浓厚的崇拜玉器的思想。可以看出来使用玉器和崇尚玉器不再是一个地区或者是一个种族的思想，而是整个国家的各个地方都有这种风气。在新石器时代后期，我们国家使用玉器有三个特点。

第一个就是使用的玉器形状大体都是相似的，差别不大，有可能就是一些细小的花纹存在区别，再有就是使用功能基本上是一样的；第二个是玉器所代表的意义，当时的人们特别崇尚玉器，将玉器视为神或者是身份的象征；最后就是使用特点，大都是用来祭奠神灵或者是重大仪式才会佩戴。这三个特点是我们国家玉文化的整体结构。

玉文化是需要人类来创造的，所以统观玉文化起始、发展到形成，里面最重要的主体就是人类，人类才是玉文化形成的核心部分，通过后期形成的玉文化可以看出来必须要存在两部分人，才能确保玉文化的发展，第一就是必须要有专门的巫觋队伍；还有就是要有成形的仪式。这两部分都要存在才能展现人们对于玉器的推崇，远古时期对于神灵的敬畏程度是很高的，当时的人们没有先进的科学知识，所以在他们的思想里，世间万物都是由神灵创造的，神灵控制着整个世界，因此为了祭奠神灵经常举行宗教活动，玉器经常使用在宗教活动之中，所以玉器更多承载的是人们精神上的寄托，以及对于未来的美好期许。再后来，从我们国家发掘的玉器种类中，可以推测出来当时举行宗教活动的规模相当庞大，不仅人数众多，使用的玉器种类以及数量也是令人吃惊的，所以玉器在后来的宗教活动中产生的影响是巨大的。

第三节　史前玉文化与中华文明起源

纵观中华文明的起源地，从北部的辽河流域，到中部的黄河流域，再到长江流域和东部沿海区域，在距今6000年到8000年左右都出现了大量使用玉器的现象，特别是以玉器为主进行随葬，这在各大史前文化的遗址中是非常普遍的现象。前面一节已谈到了“玉器时代”，无论概念是否有必要，但现象是真实存在的，特别是玉器的起源和使用伴随着权力的产生和国家文明的起源，对于分析中国史前政治是一个独特的视角。在众多史前文化遗址中，最为重要的是红山文化、良渚文化，红山文化的前身是兴隆洼文化；而凌家滩文化又介于红山文化和良渚文化之间，故主要以这四个史前文化遗址作为分析实例。

一、兴隆洼文化

兴隆洼遗址，处于公元前6200年至5200年，在内蒙古赤峰市敖汉旗东部的大凌河支流牤牛河上游右岸，1983年至1993年先后进行了6次发掘，清理出房址180处、灰坑400余座，并在此出土了最早的“真玉”耳玦和包括坠饰、匕形器、锛、璜型器、斧在内的100余件玉器。兴隆洼玉器的出土，将我国制作和使用玉器的年代推到了新石器时代中期，特别是其墓葬玉器可以判定当时用玉者的身份不同于其他人，是阶级和等级的一个标志。同时兴隆洼玉器对后来的诸多文化产生了重要影响，也是我国文明起源之多元的一个有力证明。参与挖掘的刘国祥认为，兴隆洼文化虽然是以聚落的形式存在，但其具备了经济形态、原始宗教信仰和文化传承影响的重大意义，特别对其后的小河西文化、富河文化、赵宝沟文化、红山文化产生直接的影响。“为红山文化找到了直接源头，确立了西辽河流域与黄河流域新石器时代考古学文化并行发展、互相影响的历史地位”[1]。

值得一提的是兴隆洼出土的玉耳玦，其使用方式与其所有者的身份地位有着密切的关系，面积近5万平方米的遗址，数百间房屋，只出土了10余件玉玦，可以肯定佩戴玉玦的人一定不同于其他人，根据刘国祥的考证，玉玦当时的功能主要有三个：一是耳部的装饰物；二是以玉玦示目的功能，并影响了后面红山文化陶塑女神（在眼眶嵌入玉片）；三是礼器功能，[2]兴隆洼遗址有7件玉玦出于一个墓葬里，显然不是作为耳部装饰物使用，应具有标识墓主人生前社会等级、地位和身份的功能。

苏秉琦认为，兴隆洼遗址反映了社会发展已到了氏族向国家进化的转折点，特别是兴隆洼遗址“发现了选用真玉精制的玉器，它绝非氏族成员人人可以佩戴的一般饰物。正是从这一时期起，玉已被赋予社会意义，被人格化了。制玉成为特殊的生产部门……说明社会大分工已经开始形成，社会大分化已经开始”。[3]

马克思认为，在原始社会里，氏族制度下成员的关系是以集体主义和平等原则为基础，生产资料和产品实行公有制，财产归集体所有，在生活资料消费方面实行平等分配的原则。但是从兴

1　中国社会科学院考古研究所、香港中文大学中国考古艺术研究中心：《玉器起源探索：兴隆洼文化玉器》，香港中文大学，2007，第15页。

2　中国社会科学院考古研究所、香港中文大学中国考古艺术研究中心：《玉器起源探索研究及图录》，香港中文大学，2007，第17页。

3　苏秉琦：《中国文明起源新探》，辽宁人民出版社，2009，第113—115页。

隆洼出土的玉器表明，佩戴玉器已经具有了区分等级的作用，玉并不是公有财产，而是属于个人，而且佩戴玉器的人明显不同于他人。社会分工非常重要，如果没有私有制和阶级对立的充分发展，纵有城市，也不能算是国家。反之，如果私有制和阶级充分发展了，即使没有城墙的包围，也可能是国家。[1]当然这种现象到了后期的红山文化更为明显，而且更为复杂。

二、红山文化玉器

红山文化为什么如此重要，要先看一下红山文化出土的玉器规模，举牛河梁积石冢遗址[2]为例，根据辽宁省文物考古研究所发布的《牛河梁红山文化遗址发掘报告（1983—2003年度）》提供的数据，经碳十四测定，牛河梁遗址的年代大致为公元前3779至公元前2920年，也就是说，最少也有5000多年的历史，而最引人瞩目的是，牛河梁遗址出现了“以玉为葬”的用玉习俗，据对遗址四个地点有随葬品墓葬的统计，在四个地点的97座墓冢，有随葬品的墓48座，占全部墓葬的49.5%，其中43座墓中都只葬玉，这个比例高达89.6%。更重要的是，根据不同等级还有变化，在42座墓葬中出土玉器183件，占墓葬总数的44.7%；其中在上层积石冢随葬品的墓中，只随葬玉器的墓高达97.6%。区分

1 邹昌林：《中国古代国家宗教研究》，学习出版社，2004，第59页。
2 牛河梁遗址位于今辽宁省建平、凌源与喀喇沁左翼蒙古族自治县三县交界处，也是辽宁与河北、内蒙古交界区。

等级更为明显的标志是，上层积石冢迥然不同于下层积石冢，在遗址的三座中心墓里都只随葬玉器，而小型墓中还有石器，并且玉器的种类也存在明显区别，发掘报告里指出，牛河梁遗址里的N5Z1M1随葬7件玉器中的勾云形玉器、N16M4随葬的8件玉器中的玉人和玉凤更是具备唯一性。由此可见，“唯玉为葬”只集中表现在上层积石冢中，而且还集中体现在上层的高等级墓葬里。而需要说明的是，红山文化不单纯只有玉器的出土，据考古发掘，红山文化具备高度发达的制陶和石器制作工艺，其中陶艺的制作水平远远超过同时期的其他史前文化，著名的女神庙的陶器女神和以玉示目都是空前的，而细石器的选料和打磨也都是精致的工艺品。但在红山文化墓葬中，牛河梁遗址中“唯玉为葬”的现象在整个红山文化中仍是凤毛麟角，而且冢里只葬非实用的玉器，这明确反映了玉器的特殊性，而通过玉器的使用，也体现出红山文化存在的等级之分，而且“对非实用玉器的重视，要远胜于与生产、生活有关的陶器和石器，这种唯玉为葬的习俗，也表明红山文化时期对玉的认识达到一个高峰”[1]。苏秉琦先生认为，牛河梁的考古发现说明中国早在5000年前，已经产生了植根于公社，又凌驾于公社之上的高一级的社会组织形式，这一发现把中华文明提前了1000年。[2]

进行牛河梁遗址挖掘的郭大顺先生对红山文化蕴含的政治及

1 辽宁省文物考古研究所：《牛河梁红山文化遗址发掘报告（1983—2003年度）》，文物出版社，2012，第478页。

2 苏秉琦：《中国文明起源新探》，辽宁人民出版社，2009，第93页。

社会文化属性进行了高度的概括和总结：一是积石冢具有群体间极强的独立性为主的社会分层；以中心大墓为特征的积石冢体现了一人独尊为主的等级分化；女神庙体现了以一人为中心的宗教制度；玉器具备通神的功能且有独占权；红山文化是史前社会最高层次的聚落中心。[1]事实证明，之前谈到的文明起源里的“玉器时代”，红山文化的发现可以极大地诠释“玉器时代”存在的实证性，放眼全世界所有这个时期的文化，都没有像如此这般的用玉唯一性和规模宏大的制度体系，这也是中华文明独有的政治文化现象。郭大顺认为，红山文化“发现了规模宏大的祭祀遗址群和以龙形玉为代表的玉器群，但更为重要的是，由此提出了辽西地区5000年文明起源的新课题，也将探索中国文明起源的时间从距今4000年前提前到距今5000年前，并也将目光从中原更多转移向中原以外的地区”[2]。刘国祥同样也认为，“距今5500—5000年的红山文化晚期，西辽河流域的史前社会发生重大变革，人口迅猛增长，社会内部产生分化，等级制度出现，该地区进入了初始文明社会。从玉文化起源和发展的轨迹看，兴隆洼文化玉器处于创始阶段，红山文化玉器则进入繁荣阶段。”[3]

由此可见，关于红山文化是否属于文明社会及国家的初始形

1　郭大顺：《从牛河梁遗址看红山文化的社会变革》，载《郭大顺考古文集（上册）》，辽宁人民出版社，2017，第54—64页。

2　郭大顺：《红山文化与文明起源的道路与特点》，载《玉根国脉》，科学出版社，2011，第113—121页。

3　中国社会科学院考古研究所、香港中文大学中国考古艺术研究中心：《玉器起源探索：兴隆洼文化玉器研究及图录》，香港中文大学，2007，第27页。

态是争论的焦点。这就涉及玉器与国家和文明起源的关系及标准。苏秉琦认为，“红山文化在距今5000年以前，率先跨入古国阶段，以祭坛、女神庙、积石冢和成批成套的玉质礼器为标志，早期城邦式的原始国家已经产生”。按照文明的标志——文字的出现、金属的使用、城市的形成，这是西方学者的观点，但西方却没有像中国一样的用玉传统，红山文化是否已跨入文明社会即古国阶段，需要依据考古发掘和中国自身发展特点而重构文明及国家形成理论。恩格斯在其经典著作《家庭、私有制与国家的起源》一书中认为，国家是社会分工和私有制演进、阶级和阶级斗争发展的结果，那么按照物质基础决定上层建筑，红山文化中对于玉器的占有绝对是极少部分人的权利，而对于硬度达到6.5的玉器的制作，同样需要细致的社会分工才可以达到，而如果从玉料的选择、开采、运输、切割、制作而言，这些如果没有社会分工是无法想象的。摩尔根的《古代社会》里并没有对史前中国的解析，同样无论是恩格斯还是摩尔根更无法得知20世纪和21世纪的中国考古，从这个角度而言，国家和文明的起源，在史前的中国需要重新审视，从玉器使用的角度，可以给国家起源理论一个独特的新的视角。

三、良渚文化玉器

良渚文化遗址出土了大量玉器，震惊世人，大都属于透闪石—阳起石系列的软玉，玉器的品种繁杂，主要包括琮、璧、钺、冠形器、锥形器、三角形器、镯、璜、牌饰、串饰、带钩等，尤其特殊的是，良渚玉器的纹饰雕刻有神人兽面纹，体现了墓主人尊贵的地位和显赫的威仪，体现了良渚文化鲜明的等级特征，其中以反山和瑶山墓葬最具代表性。

反山墓葬，是良渚玉器的主体，其中出土的遗物玉器占90%以上，根据考古报告资料，反山出土的玉器达3500件，这还不包括镶嵌用玉的玉粒、玉片等，可以说完全是“唯玉为葬”。反山墓葬不仅随葬的玉器数量是良渚文化遗址中最多的，玉器的种类也是最丰富的，多达20多种，雕琢之精美、纹饰之繁细，更是金石学研究的重点，用“空前绝后”来形容不为过。[1]

瑶山墓葬，发掘出玉器678件（组），以单件计共2582件。玉器的种类有冠形器、带盖柱形器、三叉形器、成组锥形器、钺、琮、小琮、璜、圆牌、镯形器、牌饰、带钩、纺轮等，但未发现良渚文化玉器的主要种类——璧。[2]而玉器在墓葬器物中的比例高达97%，需要指出的是瑶山墓葬中的每座墓都出土了冠形器，并且巧合的是，每座墓中只出土一件，可见冠形器的地位之重要。[3]那么其功能是什么呢？笔者认为冠形器是区分等级的重要物品和符号。

1　浙江省文物考古研究所编《良渚遗址群考古报告之一——反山（上）》，文物出版社，2005，第16页。

2　浙江省文物考古研究所编《良渚遗址群考古报告之一——瑶山》，文物出版社，2003，第26页。

3　浙江省文物考古研究所编《良渚遗址群考古报告之一——瑶山》，文物出版社，2003，第201页。

值得一提的是良渚文化中的玉琮具有的鲜明政治含义。玉琮是良渚文化中最典型、最有代表性的玉器品种，其形制大多为方柱形，还有部分为圆形，内圆而外方，圆形对钻而成，圆孔的孔壁高于其外围的四个角，称为“射”。每个方脚以角棱为中线，向两侧对称展开一组神人兽面纹。

琮这个形制自良渚起，延续到周朝成为“黄琮礼地”的六器之一，不管《周礼》成书的年代是西周还是西汉托古，但琮这个形制从东部的良渚文化追溯到商晚期西蜀的金沙遗址，一直到西部的齐家文化、龙山文化，延续了数千年，但玉琮在良渚文化中大放异彩，无论在数量还是内在功能上都是独树一帜，其功能更多还是代表了神权与王权的统一。沈从文先生在研究中国古代玉器中认为琮的功能主要是祭祀天地，“古代祭天祭地是一件大事。因为社会生产力主要是农耕和蚕桑，地下生产又非靠雨露阳光不可。祭天用璧，祭地则用琮，琮是方柱形中空的玉。《周礼》即提起黄琮礼地之说。注为八方所宗，像地德。”[1]

我们之所以说玉器时代即五帝时代是中国文明的起始阶段，主要根据是发现了这个时期的大量的公共工程建筑和大型的聚落遗址。这是社会剩余劳动的积累和社会分工的水平达到了很高的标志。尤其是大规模聚落遗址群的出现，证明其规模已远远超出了部落的范围。

---

1 沈从文：《古人的文化》，中华书局，2013，第54页。

四、凌家滩文化玉器

凌家滩遗址发现于1985年，先后经过四次科学发掘，清理墓葬44座，出土了陶器、石器、玉器等各类文物1200多件，其中玉器就高达600件左右。经中国文物研究所做的碳十四测定，为距今5560年—5290年左右（经树轮校正）。考古发掘和研究表明，凌家滩遗址由墓地、壕沟、居住区、玉石作坊遗址、陶块遗址等几大部分组成，总面积达160万平方米，是我国长江中下游北岸地区非常有代表性的一处新石器时代晚期的大型原始中心聚落遗存。[1]相比于上述的红山文化和良渚文化，凌家滩遗址的年代与红山文化的年代接近，比良渚文化早。凌家滩墓葬出土的玉器数量多，品种多，且雕刻精细，造型独特，其中一些玉器经检测是白色透闪石，也就是白玉，温润洁白，精美异常，是史前时期考古学的重大发现。其中出土的精美玉礼器尤其具有重要价值和意义，考古报告中指出，出土玉器“不但精美而且品位极高，出土的玉龙、玉鹰、长方形玉片、玉龟、玉人、大型玉钺、玉戈、玛瑙斧、钺等，突出反映了原始宗教在凌家滩社会组织中占有重要的地位”。[2]从这些出土的精美玉器中可以推测，当时凌家滩已出现了专门加工玉器的场所和人员，而且从琢磨的工艺和类型看已经有了明确的分工，“它的重要意义是标志着玉手工业专业化的出现，因为玉器业生产包括采矿、选矿、开坯、设计、琢磨、抛

1 参见安徽省文物考古研究所编《凌家滩玉器》，文物出版社，2000。

2 安徽省文物考古研究所编《凌家滩玉器》，文物出版社，2000，第2页。

光等多项工艺，需要有掌握一定技术的人员统一协调指挥，不可能只作为家庭副业而存在。凌家滩玉器业的发展，标志着玉器业向手工业的专业化方面发展”[1]。从不同墓葬出土的随葬品来看，大墓中出土的玉器反映了墓主人特殊的身份和地位，是贫富分化的象征。凌家滩遗址的墓葬结构中的87m15、98m20、98m29三座墓明显不同于其他墓葬，共同点在于其随葬玉器多，87m15总随葬物121件，而随葬玉器就达高88件，占随葬物总数的72.1%；98m29随葬物85件，玉器占67%，但随葬玉器的品种最丰富，有其他墓葬都不见的玉人、玉鹰和玉戈等物品；随葬物最少的是98m20，62件，但唯独这个墓有两件玉钺随葬，玉钺具备军事功能。张忠培先生认为，凌家滩墓地反映的是由神权和军权统治的社会，握有这两权的人物处于社会的顶层[2]。

更能区分等级的是，除了这三座特殊的墓，87m4这个墓更为特殊，它随葬物高达133件，其中玉器有96件，占总数的72.1%，随葬玉器品种有大量的玉兵器，玉斧10件，钺、璜、环、玦、镯等品种齐全，最为重要的是有唯一的随葬物龟甲占卜器，这说明87m4的墓主人社会地位最高，集军权和神权于一身；当时社会已存在手工业和农业的分工，特别是制玉工业已从手工业中独立出来。从马克思主义理论来看，社会分工是私有化的基础和前提条件，而不同的用玉制度又彰显了等级的不同，在史前时期，凌家滩遗址的形态已具备了大规模聚落中心的地位。

1　安徽省文物考古研究所编《凌家滩玉器》，文物出版社，2001，第10页。
2　安徽省文物考古研究所编《凌家滩玉器》，文物出版社，2001，第151页。

通观兴隆洼文化、红山文化、良渚文化和凌家滩文化，可以看出在史前我国玉器传播的一个大致走向，玉器的使用起源于北方，红山文化继兴隆洼文化之后自北而南依次传播，经过皖中的薛家岗文化和凌家滩文化往南中转，进而在太湖流域的良渚文化达到一个新的高峰，所以，凌家滩玉器的重要意义还在于起到了一个承前启后的作用。

第四节　中华玉文化研究和玛纳斯碧玉研究综述

玛纳斯碧玉文化是中华玉文化的重要组成部分，其重要意义也应放到中华玉文化的发展体系中看待和分析。关于中华玉文化研究的论述，从"玉学"[1]范畴来看，大部分是从考古学、历史学、矿物学、美术史的角度探讨，散见于专著或论文里。

关于中华玉文化研究，目前国内出版的关于玉文化主要系列文集有几套：一是由费孝通倡议，后由已故考古学家张忠培先生主编的《玉魂国魄——中国古代玉器与传统文化学术讨论会文集》系列论文集，从2002年至2018年，收录了每年参会人员的文章并结集出版，其中关于玉文化的论文中有涉及玉器功能与政治相关的内容。二是杨伯达出版著述的系列关于中国玉文化的专著和

1　玉学是由前故宫博物院副院长杨伯达先生提出的一个概念，他在2002年提出了玉学可作为一个独立学科，他认为，玉文化是上层建筑领域社会文化中的一个特殊分野，而其核心则是玉的物质性引发出来的社会性，即先哲们附丽其间的美学、神学、哲学的内涵与道德伦理的理论，以及服务于政治、巫术等统治之六瑞、六器的功能。

论文集，这也是新中国成立后最早的系列论述玉器文化与功能的论文集。三是由刘国祥主编的《名家论玉》三卷本，其中收集了新中国成立以来我国考古学家关于玉文化的经典论文。四是杨建芳主编的中国古玉研究论文集系列。五是陆建芳主编的《中国玉器通史》，按照时间顺序依次对中国玉文化进行了全面系统的总结。

总体来说，真正把玉作为一门研究对象还是在近百年，这是随着考古发掘而取得的进展，从历史的整体来看，为了方便了解，把玉文化的研究分为了新中国成立前和新中国成立后两个阶段。关于玛纳斯碧玉的研究较晚，大部分的研究成果都集中在近5年。

一、新中国成立前玉文化研究概况

对于中国玉文化的研究，从宋代开始至今，经历了三个阶段，第一阶段从宋至新中国成立前，玉器研究属于金石学的研究范畴，起源于宋代吕大临的《考古图》，里面记录了宋代之前历朝青铜器和玉器等古器物，大部分是青铜器，玉石只是作为了其中的一小部分，卷八记载了67件玉器，但涉及的器型很少，且都是私人收藏的。吕大临在考证器型及功能时引用的是《周礼》《说文解字》等经典文献，但并未涉及玉的文化内涵，这是考古及时代局限性所致。

元代朱德润所著的《古玉图》是我国第一部关于玉器的专门论著，记载了当时元大都（燕京）王公贵族所见的古玉40件，涉及玉器的形制、尺寸、玉色、收藏者等内容，朱德润在序言中谈到了中国古代制玉之精，“考《周礼》攻金之工、玉人之玉，皆专心至精，琱镂巧妙，非后人所可及者。盖其用心专一，致思无杂”[1]。但总体来说，该书仍属金石学的范畴。

而玉成为专门研究对象且更为系统的，是清代中晚期之后，以吴大澂的《古玉图考》、陈性的《玉纪》和刘大同的《古玉辨》为代表。其中《古玉图考》写于清光绪十五年，是一本图文并茂、兼具学术性的古玉器研究专著，其中记录了古玉器一百多件，吴对其进行了分类，详细记载了每一件玉器的名称、用途、尺寸、年代，对20世纪玉器研究起到了承上启下的作用。西方的劳佛在其1946年出版的《中国考古和宗教里的玉》(又名《中国玉器研究》)[2]，可以说很大部分是抄袭吴大澂的这部著作，这说明了《古玉图考》的广泛影响力。但是由于历史局限性，吴的这本书仍还停留在古器物研究领域，“清末吴大澂的《古玉图考》不失为一部重要著作，但其贡献局限于一些古玉的名物制度的考证”[3]。

陈性，字原心，其《玉纪》写于清朝道光十九年，这本书同样也是研究中国古代玉器的专著，字数虽不长，却是研究古玉的经典范例。该书把玉分了几个部分：出产、名目、玉色、辨伪、质地、制作、认水银、地土、盘功等条目，对于古玉器的鉴定有

1　顾宏义主编《宋元谱录丛编——考古图(外五种)》，上海书店出版社，2016，第456页。

2　Berthold Laufer，Jady：*A Study in chinese archaeology and religion*

3　费孝通主编《玉魂国魄——中国古代玉器与传统文化学术讨论会文集》，燕山出版社，2002，第200页。

参考价值，但也没有对玉文化进行更深的挖掘。

刘大同的《古玉辨》写于1940年，是民国时期玉器研究的扛鼎之作。刘大同十分有趣，本人是民国著名政治人物，是近代中国一位民族革命者，先后加入过兴中会、民主同盟会，随孙中山在多地进行革命运动，特别在北方享有盛誉，在吉林曾成立过“大同共和国”，号称“南有孙中山，北有刘大同”。这样一位政治家的另一面，是对玉器情有独钟，他自己号称“玉痴”，对玉极为推崇，他在书中序言写道：“伏思吾国文艺之开化，以玉为最古，其他皆在其后。”[1]足见其对玉的痴迷和重视。《古玉辨》在继承吴大澂《古玉图考》和陈性《玉纪》的基础上，又更加系统化、专业化，条理清晰，言简意赅，全文分为了79个条目，涵盖了玉器的名称、质地、产地、色泽等专业知识，还有自己的心得体会，值得一提的是其书颇具文献价值，对历史文献有详细的考据，兼具文化价值和学术价值。但是，该书仍然属于金石学范畴，没有对玉的政治文化内涵进行更深一步的挖掘。

二、新中国成立后玉文化研究概况

与之前传统局限在金石学领域的研究方法不同，新中国成立后，随着地下考古的大量发掘，数以万计的古代玉器出土[2]，运用

1　刘大同：《古玉辨》，中州古籍出版社，2013，第5页。

2　新中国成立以来，缘于经济建设，我国地下大量文物面世，出土的玉器更是繁盛，殷墟妇好墓755件，河南三门峡虢国玉器1773件（颗），淅川下寺春秋玉器230件，广州南越王墓200多件，湖北曾侯乙墓400多件等，数量颇丰。

考古学、地层学和现代科学手段研究玉器成为必由之路，这也是玉文化研究的第二阶段。值得一提的是，郭宝钧先生的《古玉新诠》[1]是民国时期玉器研究的代表作，由于当时可参考的考古发掘资料不多，主要是基于李济对于殷墟的发掘[2]，郭先生第一次运用了考古学的方法，对玉器进行了分期，划为新石器时代之玉、殷末周初之玉、春秋战国之玉、东西两汉之玉四期[3]，但囿于考古材料的匮乏，该书篇幅不大，但其研究的方法对新中国成立之后的玉文化研究打下了基础。

文学家沈从文也有不为人知的一面，沈从文在新中国成立后致力于对中国美术史及相关领域的研究，他曾在其《中国古玉》《玉的应用》两篇文章中分析了玉在中国古代美术史占有重要的地位，并运用金石学的研究方法对中国玉器史进行了概述。

真正对玉从考古学进行系统性研究的，是夏鼐先生，而这一研究肇始于殷墟妇好墓的发掘。妇好墓出土了755件玉器，夏鼐运用地层学，通过分析综合出土文物、器物铭文和遗迹，推定出商代武丁时期其配偶妇好的确切历史，并以此佐证了古代文献记载的真实性，这是考古研究的重大贡献，妇好墓的发现，改变了以往仅仅通过文献的单一研究方式，而这一改变，影响的不单纯是考古学和历史学的研究方法，对于诸多学科的研究都有着借鉴作用。夏鼐先生在其《商代玉器的分类、定名和用途》和《有关

---

1 写于1947年。

2 李济：《安阳》，上海人民出版社，2007。

3 参见郭宝钧《古玉新诠》，神州图书公司（澳门），1976年版。

安阳殷墟玉器的几个问题》两篇经典论文中就通过考古发掘的妇好及殷墟玉器，比对《周礼》中记载玉器的功能、用玉制度，分析推测殷商时期的等级制度和政治生活方式。

马克思认为，物质基础与意识形态存在着作用与反作用的关系，玉作为一种物质，广泛使用于中国新石器时代的各个文化期和有历史记载的各个王朝，那么如何透过现象看本质，见微知著，也就是说，把玉从科学的、考古的研究引向人文社会科学的研究领域？这也就是玉文化研究的第三阶段。简而言之，玉文化研究要根植于考古学，但又不局限在考古范围，通过考古发掘的玉器，分析其功能及意义，并综合运用文献记载，探究玉的更深层次的内涵，包括政治属性、文化属性、社会属性等，进而透视和挖掘中国古代的政治社会文化生活，为研究中国古代政治文化及相关学科提供参考依据。英国考古学家霍德（Hodder）认为，“历史遗物都有其象征的意义，必须将其放在特定的历史条件下方可解读并了解其意义，其象征的意义同样也是该文化长期的历史积淀的结晶。”[1]玉要突破“历史遗物”的范畴，追根溯源，从文化、历史和政治的角度充分解析玉的功能和意义。

李学勤先生在其主编的《中国古代文明与国家形成研究》一书中认为，古代玉器是文明起源与早期国家形成的物质基础之一，该书认为，古代文明与国家的物质基础是由农业、畜牧业、手工业等多方面构筑的。在龙山时期，随着农牧业生产的发展，

1 Hodder, *Theory and practice in Archaeology*(London:Routledge, 1992), pp.11-13.

农产品剩余的出现，已形成专门化的手工业生产。这些专门化的手工业生产，既包括与人们日常生活和生产密切相关的陶器、石器制造，亦包括与宗教、意识相关的玉器制作。[1]李学勤先生运用马克思主义理论，认为玉器是生产力逐步发展后从手工业中脱离出来，并逐渐被赋予了意识形态的精神属性。

苏秉琦先生对于20世纪的中国考古学研究有着开创性的贡献，他超越了考古本身材料的局限，从马克思主义理论出发，通过考古材料把考古学文化进行了区系的划分，并提出了中华文明和国家起源的理论学说。苏秉琦先生在分析了仰韶文化后认为，在距今6000年的节点上，发生了从氏族到国家发展的转折，从这个时候起，社会生产技术发生了重大突破，尤其是出了切割、制作、雕刻石（玉）材的新工艺，社会出现了真正的分工，人随之也出现了文野、贵贱等级的分化。[2]苏先生是从分析陶器入手，虽然他并没有说已经出现了所谓“国家”这个形态，但在这个阶段，氏族社会已经发展到鼎盛，并由此开始解体走下坡路，文明的许多因素都已经明显出现，开始了文明和国家起源的新历程。苏先生对于文明和国家起源的贡献很大，苏先生运用条块把我国的考古学文化分为了六大区系，分别是：以燕山南北长城地带为重心的北方；以山东为重心的东方；以关中（陕西）、晋南、豫西为中心的平原；以环洞庭湖与四川盆地为中心的西南部；以环太湖为

1　李学勤主编《中国古代文明与国家形成研究》，中国社会科学出版社，2007，第68页。

2　苏秉琦：《中国文明起源新探》，辽宁人民出版社，2009，第25页。

中心的东南部；以鄱阳湖—珠江三角洲一线为中轴的南方。[1]苏先生用“区系中国”的分析方法，构建起中国考古文化发展的机构体系，论证了一体多元的中华文化发展脉络，也为探索中华文明和国家起源打下了一个坚实基础，“解开中国古代文明是如何从星星之火成为燎原之势，从涓涓细流汇成长江大河的这一千古之谜”。[2]

苏先生通过考古遗址的分析，运用区系的分析方法，最终提出了中国国家起源发展的三部曲和发展模式的三类型，发展的三部曲是：古国—方国—帝国；发展模式三类型是：原生型、次生性、续生型。最重要的是苏先生突破了西方关于文明要素——文字的出现、金属的发明、城市的形成等——概念的限制，构建了关于解读中华文明的本土理论范式。作为苏先生的学生，张忠培晚年同样也密切关注中国文明起源与国家问题，他反复提及摩尔根、恩格斯以文化进步状况作为人类社会区分时代和阶段，并以此将中国文明的形成分为“三期（方国—王国—帝国）五段”，尤其从氏族松散、社会分工、聚落分化、神权王权并立等方面，重点论述并发展了国家形态发展“三部曲”中古国到方国的一段。

宋镇豪在《夏商社会生活史》一书中，通过以凌家滩、石家河、殷商妇好墓等商代墓葬出土的神人玉器像分析当时的服饰、发型、冠饰等，认为其从多层面揭示了各地区先民各自的生活崇尚、思想观念和审美情趣。有迹象表明，并非所有人都能佩戴这

1 苏秉琦：《关于考古学文化的区系类型问题》，《文物》1981年第5期。
2 苏秉琦：《中国文明起源新探》，辽宁人民出版社，2009，第82页。

类装饰品，恐怕主要集中在少数权贵或上层社会阶层中，有的显然已超出了一般的实际装饰功能。[1]宋镇豪从先民服饰的角度出发，揭示了当时阶层（人际）间的分配不公现象，这说明了玉器具备划分等级的功能，他认为，像玉石玉器这类装饰品，选材考究，工艺精细，造型亦十分奇特，不能单纯局限在服饰配饰的层面，玉器属于贵重物品，而贵重物品向少数人集中，有其深刻的政治社会内涵。

杨伯达针对玉文化的构建提出了“玉学”概念和体系，他认为，玉是“华夏文明的第一块奠基石”[2]，中国玉文化是我国历代玉器发展演变的总体构架及整体表现，是一种客观的历史存在，也是一种长达万年的社会文化现象。归根结底，它是玉的物质性和社会性在华夏民族历史过程中的一种正常表现，也是一定社会的政治、经济的反映，是上层建筑社会文化中的一个特殊分野，核心是玉的物质性引发出来的社会性，玉的社会性包含美学、神学、哲学等，需要从社会文化传统和中华文明的广阔角度，观察与解释玉所蕴含的文化内涵。

叶舒宪从人类学和神话学的角度对玉进行了独特的分析，他在其《中华文明探源的神话学研究》中提出了中国玉文化的原生性理论分析范式，突破了王国维的二重证据法，并提出“四重证据法”——传世文献、出土文献、民族志和口传文化、出土实物及图像。叶先生提倡“让无言的史前文物发挥叙事功能，拓展前

1　宋镇豪：《夏商社会生活史》，中国社会科学出版社，1997，第308页。
2　杨伯达主编《中国玉文化玉学论丛》，紫禁城出版社，2002，第2页。

文字时代的文化史探研的新途径”[1]，他认为玉是中国汉字出现之前的最重要的符号载体，玉还是中华大地史前信仰的共同核心和主线，对于华夏礼乐文化具有奠基作用，并由此提出了“玉教”的概念[2]，他从本土文化的原生性、中国境内最早、膜拜信仰的宗教构建等角度对玉教进行了论证。此外，叶舒宪还分析了史前文化的玉器形制，认为华夏礼乐文化的根基就是玉礼器，并由此影响了儒家的思想。这点其实对中国政治学研究的角度也有启示意义，因为中国政治学理论的构建需要立足于中国本土的土壤，而玉作为中国原生性的物质与中国古代政治息息相关。

三、费孝通关于中华玉文化与“文化自觉”的论述

费老晚年在深入考察考古学成果中敏锐地发现了玉器的重要意义[3]。费老谈到，中国的玉文化代表了中华文化中独有、具有鲜明特色、优秀的那部分文化——“在纷繁的、独具特色的中国文化中，我想到了中国古代的玉器。玉器在中国的历史上曾经占有很重要的地位，这种现象是西方所没有的，或者说是很少见的。

1　叶舒宪：《中华文明探源的神话学研究》，社会科学文献出版社，2015，第11页。

2　叶舒宪定义玉教：在漫长的史前时期，在巫以玉事神的长期礼仪实践中形成的华夏大传统，铸塑出以玉为神灵、永生的信仰和神话体系，如今简称玉教。

3　2001年5月，费老在近90岁高龄的时候提出召开中国古代玉器与传统文化学术讨论会，并以讲话的形式发表了《中国古代玉器和传统文化》一文，时隔一年，费老在第二届中国古代玉器与传统文化提交了《再谈中国古代玉器和传统文化》一文。

我们考古学界是否可以将对玉器的研究作为切入点，从更深刻的层面上阐述玉器在中国文化中所包含的意义，把考古学的研究同精神文明的研究结合起来。”[1]

上述费老这个论断非常重要，其中表明了玉文化的四层含义：一是玉在中国的独特性；二是玉在中国的重要意义；三是考古出土的玉器的内在含义；四是玉与中华文化的关系。也就是说，费老关注玉文化和玉器更深层的原因在于费老对于“中国文化向哪里去”的一种使命感和责任感，费老的目的是弄清玉这个东西发展变化的历史，透过玉文化来看中国文化发展的规律。

费老选择玉器作为新的研究视角探究中华文明的起源确实有明确的历史文献和考古依据，玉器在中国具备了多重功能，从最早“巫玉时代”[2]的通神、祭祀，再到“王玉时代”的礼制载体和权力象征，最后进入“民玉时代”——走入寻常百姓家，玉与中国的历史、政治、社会、宗教信仰、艺术美术等方面息息相关。最为重要的是，玉还是古代君子德行的参照物[3]，是中华礼仪文化的最重要表现形式，是儒家思想的物质载体。

费老在《中国古代玉器和传统文化》一文中指出了玉器与儒家思想的重要关系。费老认真研究了孔子的玉“十一德”说、管仲的玉“九德”说、荀子的玉“七德”说和许慎的玉“五德”说

1　费孝通：《文化与文化自觉》，群言出版社，2010，第355页。

2　杨伯达先生在《历史悠久而又永葆青春生机的中国玉文化》一文中提出了玉器的巫玉、王玉、民玉三阶段论。

3　《礼记》中记载，君子比德于玉。管子提出玉的九德，孔子提出了玉的十一德，荀子提出了玉的七德，许慎提出了玉的五德等。

之后，认为儒家提倡的“比德于玉”的观点赋予了玉“高洁的人品、和谐的人际关系和坚贞的民族气节”等几乎所有美好事物和人格的象征，而这种以玉比德的观念是全世界独一无二的文化现象。[1]

其实也就解释了2000多年以来为什么玉会如此受到中国人的喜爱、为什么玉文化具有特殊意义，那就是因为玉有“德”。玉德说一直也是玉学[2]研究的核心领域之一，中国社会科学院的汉唐考古学家卢兆荫先生曾专门撰文[3]谈到玉与德的关系，他说儒家选择玉作为其道德观念的物质载体，这是中华玉文化延续不断的重要原因之一。“德”本身就是儒家文化的核心要义。

《左传》里讲“太上有立德，其次有立功，其次有立言”，立德是古代君子的最高追求。儒家经典《大学》开篇便讲：“大学之道，在明明德，在亲民，在止于至善。”明德是首要的，古代文化哲理都是相通的，一个人的德行未明，又如何做到亲民，又如何至善呢。几千年以来，中华玉文化可以绵延不绝的关键原因，就在于玉在中华文明发生重大变化的“轴心时代”与儒家思想发生了直接关联，孔子提出“君子比德于玉”，并总结提炼出玉的十一德，把玉在史前的“神玉”时代的祭祀功能“祛魅”，确立了玉之人格化，从而玉具备了君子一般的“品德”，也融入君子

1　费孝通：《文化与文化自觉（下）》，群言出版社，2012，第480页。

2　杨伯达2001年在《关于玉学的理论框架及其观点的探讨》一文中提出了玉学的研究范畴、主旨和方法。

3　参见卢兆荫先生所著《玉振金声——玉器金银器考古学研究》一书。

的日常生活当中，孔子在《礼记》写到“君子无故玉不去身”。孔子、管仲、荀子、许慎、刘向等古代先贤都提出了各自的“玉德”学说，恰说明了儒学思想家对于玉德达到统一共识和高度认同，进而一步步地把玉的文化含义发挥到了极致，创造了玉文化一个又一个的高峰。费老告诉我们，读懂了玉与“德”的关系，也就找到了打开中华玉文化宝藏的钥匙。

德和礼是一体两面，同样玉与礼也有着密切关系[1]。崇礼是儒学思想的核心，孔子一直向往回到的就是“吾从周矣”，周代有周礼，周礼中有严格的用玉制度，以玉入礼随处可见。孔子提出“克己复礼”离不开玉这个物质载体，实现人的“以玉比德”，本身就是克己复“周”礼，所以说理解了玉和礼的关系后，会发觉玉是儒家文化这个道统的物质载体和外在表现形式。这也就可以解释为什么历代王朝统治者都要用玉，因为占有玉不单纯是政权合法性的符号[2]和权力的象征，还是中华文化的一种继承，此外，对于玉路[3]的掌控，也在一个层面表明了王朝的统一和分裂，而昆仑山北麓的和田玉和天山北麓的玛纳斯碧玉共同见证了历代王朝的兴衰。

费老看到了玉与中国儒家文化之间的密切关系，这与费老倡导“文化自觉”相得益彰，费老要求进一步挖掘玉器与玉文化内在含义的重要目的，就是希望以玉为载体，大力弘扬中国优秀传

1 关于玉与礼的关系，主要的文献记载于《周礼》《仪礼》《礼记》三书当中。

2 从传国玉玺的使用可以看出玉作为一个符号与政权合法性的关系。

3 玉石之路，也就是昆仑山北路的和田玉进入中原王朝的路线。

统文化，进而挖掘中国文明和中华民族中本土的、原生的、有益的那部分。笔者理解，这也就是中华玉文化在当代实现创造性转化和创新性发展的意义所在。

四、玛纳斯碧玉研究概述

当前玛纳斯碧玉研究主要集中在历史文化研究和矿物学研究两部分，有专著也有论文。历史文化研究侧重于文献解读与延伸，故宫博物院的郭福祥研究员的《乾隆宫廷玛纳斯碧玉研究》是系统阐释乾隆宫廷时期碧玉的重要专著，该书从乾隆时期档案文献入手，就当时玛纳斯碧玉采集运输、私采查禁、宫廷玉器等几个方面进行了详细论述，文献翔实。值得一提的是，该书附录了19条关于乾隆宫廷玛纳斯碧玉档案资料，对厘清乾隆时期玛纳斯碧玉历史打下了坚实基础。

故宫博物院与玛纳斯县人民政府编著出版了《故宫博物院藏清代碧玉器与玛纳斯》一书，该书图文并茂，遴选了157件清宫藏碧玉和20件玛纳斯碧玉玉料标本，图片选取具有代表性且拍摄精良，为研究鉴定对比玛纳斯碧玉器提供了极为珍贵的资料，张广文先生在该书中的《清代宫廷碧玉器》一文就碧玉和玛纳斯碧玉历史文化、清宫廷碧玉种类款式进行了说明，为这些碧玉玉器提供了简明扼要的介绍。

中国文物学会玉器专业委员会和故宫出版社主编的《丝绸之路与玉文化研究》文集，收录了数篇关于玛纳斯碧玉的论文和研究报告，其中杨伯达先生的《玛纳斯碧玉研究的几个问题》一文就玛纳斯碧玉研究的缘起、玉名、进档等问题进行了简明扼要的论述；殷志强先生的《天之色 君之德——试论西域碧玉的历史价值》一文从西域碧玉的历史、圭璧的历史文化引申到天之色和古代玉器礼仪；郭福祥的《乾隆宫廷玛纳斯碧玉研究》是其《故宫博物院藏清代碧玉器与玛纳斯》专著的肇始，以档案资料研究玛纳斯碧玉；北京文物局于平先生的《有关明清时期碧玉使用情况的一些研究》和与黄雪寅、赵瑞廷合作的《明、清碧玉文物工艺特点浅析及通过无损科技检测探究其与玛纳斯碧玉的关系》两篇文章非常重要，对首都博物馆和明十三陵之定陵（万历皇帝陵墓）的碧玉玉器进行了研究和检测，并与玛纳斯碧玉进行了对比，从矿物学的角度论证了明清碧玉器与玛纳斯碧玉的关系（后边还会详细介绍）。本书中邓淑苹先生、张广文先生、张蔚等先生的文章多少也有碧玉的论述，不再一一叙明。

此外，从矿物学角度就玛纳斯碧玉进行研究的论文和专著不多，最早从矿物学的角度分析了玛纳斯碧玉的研究肇始于唐延龄、陈葆章、蒋壬华合著的《中国和阗玉》这本书中；论文基本集中在《岩石矿物学杂志》中，有唐延龄等的《新疆玛纳斯碧玉的成矿地质特征》、孙丽华等《玛纳斯碧玉的宝石学研究》、王立本等的《和田玉、玛纳斯碧玉和岫岩老玉（透闪石玉）的 X 射线粉晶衍射特征》、邹天人等的《和田玉、玛纳斯碧玉和岫岩老玉的拉曼光谱研究 》、万德芳等的《和田玉、玛纳斯碧玉及岫岩老玉（透闪石玉）的硅、氧同位素组成》等论文。

玛纳斯碧玉肉眼可见到较为清晰的“黑点”与“铜绿斑”

除了上述对玛纳斯碧玉历史文化和矿物学宝石学的研究，还有一些从鉴定、市场、考察等角度的文章，不再一一列举。

玛纳斯碧玉研究受到了几方面的限制，一是从玉文化历史角度而言，玛纳斯碧玉相关的历史文献不多，仅从清朝的一些档案可见；二是从鉴定来看，受到宫廷玛纳斯玉器观摩与研究（只能无损）的限制，造成无法从现存故宫藏碧玉器中完全分辨出玛纳斯碧玉，清宫藏玛纳斯碧玉鉴定难度大，而这部分恰恰是研究玛纳斯碧玉历史文化中最为重要的部分；三是从矿物学角度而言，碧玉本身的颜色和矿物特征相似度高，玛纳斯碧玉与世界其他产地碧玉的区分存在一定难度，易为混淆等；四是从产业发展和市场角度而言，玛纳斯碧玉由于产业发展相对较晚，且玛纳斯碧玉制品在当代的和田玉市场占有率低，对于珠宝玉石产业影响较小。

总的来说，作为中华玉文化的重要组成部分，玛纳斯碧玉文化研究，是一个跨学科研究领域，需要人文社科和矿物学等多学科协作共同研究。

第一章　何为碧玉?

第一节　何为碧玉

古代碧玉作“绿玉”或“绿石”之称，是中国玉文化历史上第一个最早被使用和认识的重要玉种，有着6000多年的历史，被称作“中华第一龙”的新石器中晚期红山文化的典型器物——碧玉龙（如图），就是一个很好的例子。

在地下沉睡了几千年的“中华第一龙”能够重见天日，还有一段鲜为人知的传奇故事。1971年，金秋八月，一个日丽风清的日子。内蒙古翁牛特旗三星塔拉嘎查村，18岁的张凤祥同本村的伙伴吃过午饭后，到距村东1000米的小泉山南坡果林地修水平梯田。他在修梯田过程中发现了一个神秘的人工砌成的石洞，在石洞底部，他发现了像铁钩子一样的东西，浑身长满又厚又硬的“土锈”。他用手掂量一下，有点分量，就把它当作一块废铁拿回家中。他的小弟弟张凤良此时仅六七岁，就把哥哥拿回的东西

“中华第一龙”——碧玉龙

注：高26厘米，距今6660—5000年，在玉龙上，集龙头、蛇身、猪鼻、马鬃四种动物元素于一体，通体蜷曲成C形，造型生动独特，雕刻精美大气。蜷曲中隐含着升腾，安逸中透露着威猛，令人望而生畏。玉龙吻部前伸，前端略上翘，双眼突出于额顶，额部及颚底细刻网格状方格纹，颈上有长鬃，尾部尖收上卷，背部有对穿单孔，以绳系孔悬持，头尾处于水平状态，设计独具匠心，属新石器时代遗物，是目前国内时代最早、体积最大的龙形玉器，它的出土标志着早在5000多年前西辽河上游便已形成了对龙的图腾崇拜，表现了红山文化深邃悠远的历史内涵。红山先民雕磨的碧玉龙独具一种升腾、高昂的气质，是中华民族精神的象征。

当成了玩具。他用一根绳子系好，在村子里与小伙伴们拖着玩起来。过了几天，上面的土被磨掉了许多，一部分露出了本来的面目，晶莹富有光泽，像是玉石。张凤祥立即把这块玉收起来。过了几天，他把这件玉器带到了翁牛特旗文化馆。文化馆干部王志富看了看，认为是一件文物，决定征集并收藏，付给张凤祥30元人民币。从此，这件玉器在文化馆静悄悄地度过了13年。1984年，红山文化牛河梁遗址获得了重大发现，他找到了中国著名考古学家、中国考古学会理事长苏秉琦，请他为这件玉器做鉴定。苏秉琦先生用手轻轻地抚摸观察这件玉器，同时询问他出土的地点和征集的过程。经苏秉琦先生多方考证，得出的结论是：这是一件5000年前的红山文化遗物，是一件珍贵的玉龙。这是国内首次发现的中华第一玉雕龙。

碧玉以其鲜艳翠绿的颜色，细腻致密的玉质，柔和温润的光泽，深受古人和现代人的喜爱。古之对“碧”字作“青绿色的玉石”释意。对碧字的记载更是不胜枚举。《说文解字》载：“碧，石之青美者”；《山海经·西山经》记：“高山，其下多青碧”；《庄子·外物》曰：“苌弘死于蜀，藏其血，三年而化为碧”，成玄英疏：“碧，玉也。”在历代文人骚客的笔下，碧玉所受到的赞美滔滔不绝，还有形容女性娇柔的成语“小家碧玉”等。

碧玉作为透闪石品种中非常重要的一员，在国内外玉文化历史中占据着非常重要的地位。从全球来看，碧玉家族庞大，世界上著名的碧玉产地主要有加拿大不列颠哥伦比亚省、俄罗斯西伯利亚、新西兰南岛、美国怀俄明州和拉斯维加斯、澳大利亚塔姆

碧玉挂饰

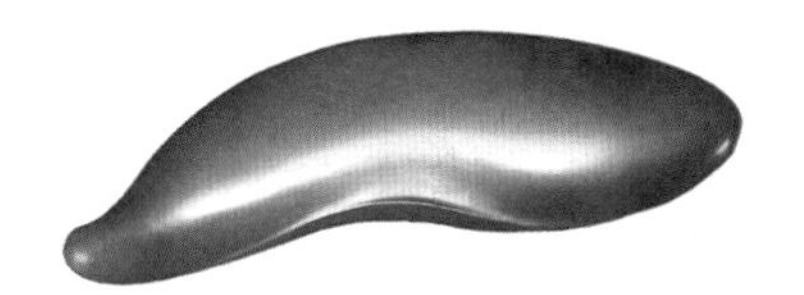

碧玉饰品

碧玉水洗（冯钤雕刻）

沃思市、波兰西里西亚以及中国的新疆、台湾、青海等。

在中国绵延不断的玉器使用史中，碧玉的使用是很重要的一部分，其中主要玉料为新疆碧玉，而新疆碧玉又以玛纳斯碧玉为主。玛纳斯碧玉在唐宝应年间至清乾隆年间曾进行开采，为皇家御用玉种。现今两岸故宫博物院内还有不少玛纳斯碧玉琢制的玉玺、玉鼎、玉觚、玉瓶、玉钵、玉杯等真品（如图）。

近代以来，玛纳斯碧玉玉料和玉雕品更是稀少，特别是上吨重的玛纳斯碧玉经名匠雕琢后价值连城。1975年在玛纳斯河红坑发现一块重达750kg的大玉，由中国工艺美术大师顾永骏雕刻成“聚珍图”玉山子（如图），堪为传世国宝。

故宫博物院藏碧玉杯

故宫博物院藏碧玉盘

故宫博物院藏碧玉玉玺

《石刻聚珍图》玉山子（正面）

《石刻聚珍图》玉山子（背面）

注：高1.13米，宽0.86米，厚0.60米。描绘了中国四川乐山大佛、重庆大足石刻、河南的龙门石窟和山西大同的云冈石窟等石刻艺术宝藏中的珍品，现收藏于中国工艺美术馆。

第二节 碧玉的产地与分类

市场上流通的碧玉除玛纳斯碧玉，最常见的当属俄罗斯碧玉、加拿大碧玉和新西兰碧玉。这些产地的碧玉，虽然外观大致相同，但因产出的地质环境的差异，其成分和结构还是有细微的差别，从而导致碧玉在外观上会呈现一些不同的感官效果和特征，这些特征也可以为碧玉的鉴别、评价提供一定的依据。

一、俄罗斯碧玉

俄罗斯碧玉产地主要分布在布里亚特共和国、俄罗斯伊尔库茨克州、克拉斯克亚尔斯克边区、乌拉尔山脉等地。著名的碧玉矿点分别为7号矿、10号矿、37号矿、Arahushun矿等[1]。现对各矿点碧玉特征分述如下：

7号矿碧玉

颜色呈现较浅的灰绿色（鸭蛋青）或比较浓艳的翠绿色。呈亚透明—微透明。前者质地细腻均匀，几乎不见杂质；后者可见纤维构造，内含黑色杂质矿物。颜色深处有裂，解理层理明显。

1 关于俄罗斯玉矿的编号，是行业内辨别鉴定碧玉的术语，基本是通过碧玉的颜色、结构和黑点分布来判定。

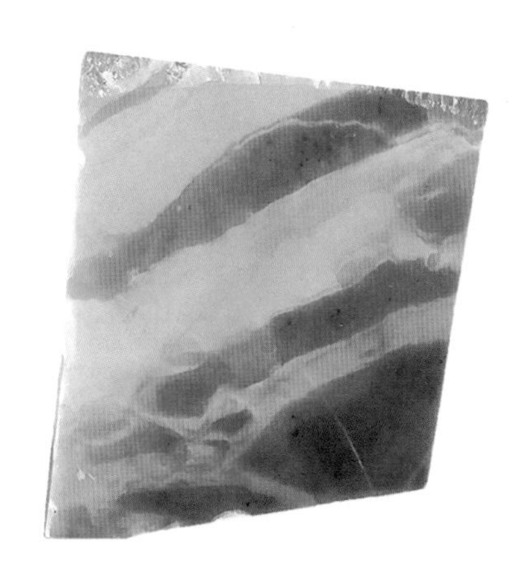

俄罗斯碧玉切片

10号矿碧玉

颜色呈纯正的绿色，浓度中等。质地细腻均匀，含较多黑点。

37号矿碧玉

颜色呈纯正的绿色，浓度中等。半透明—微透明。质地较均匀，内含的黑点较大。

Arahushun矿碧玉

颜色呈浅绿—深绿色，个别颜色艳丽。亚透明—半透明，透明度较好，俗称“冰底料”，仅见于俄罗斯碧玉中。质地细腻均

俄罗斯碧玉

匀，内含的黑点小而密集。

总体而言，俄罗斯碧玉颜色较为艳丽，也有呈浅灰绿色的鸭蛋青色（如图）。透明度变化较大，其中 Arahushun 矿的碧玉子料透明度较好，出现冰底料。质地普遍比较细腻均匀。内含黑点且黑点大小不一，通常黑点大时分布比较稀疏，黑点小时分布比较密集，未见绿斑和水线（如图）。俄罗斯碧玉山料体量大，玉质好，少黑点，颜色浓艳，常被制作成手镯、珠串或手把件等。

俄罗斯碧玉

二、加拿大碧玉

加拿大碧玉主要产在温哥华以北的高山上，所产碧玉是加拿大的国宝，清晚期已进口到我国，传闻更是深得慈禧太后喜爱。加拿大碧玉著名矿点有 Cassiar 矿、Polar 矿和 Kutcho 矿。各矿点碧玉特征分述如下：

Cassiar矿碧玉

颜色呈绿色，有些碧玉呈浓艳的翠绿色，有些碧玉绿色中带点糖色。半透明。质地细腻，可见少量黑点和绿斑。

加拿大碧玉制品

Polar矿碧玉

颜色呈苹果绿，可伴有糖色。半透明。质地细腻。含有少量绿斑，含沙量黑点，有典型的红色氧化铁和白色水线，且水线硬度较高。

Kutcho矿碧玉

颜色呈绿色、黄绿色、暗绿色、深蓝绿色，少量碧玉颜色艳丽。半透明—微透明。质地较为细腻。含有绿斑，颜色较深者内部有较多暗色杂质。

综上，加拿大碧玉颜色艳丽，并伴有糖色、翠绿色丝纹。透明度中等，质地细腻，具有绿斑、黑点、水线等特征，少量碧玉有红色氧化铁杂质（如图）。加拿大碧玉具有体量大、裂少、色泽鲜艳等特点，常被加工成大型玉雕作品。

三、新西兰碧玉

新西兰玉，主要讲的是玉料的产地，是新西兰闪石玉与蛇纹石玉的总称，又称毛利玉，因为新西兰玉主要由毛利人琢磨成器。新西兰碧玉产于新西兰南岛西部库马拉附近，呈砾卵状，颜色呈绿色—深绿色，伴有糖色，绿色呈团块状、丝带状不均匀分布。新西兰碧玉质地细腻，个别碧玉杂质较多且较粗糙，可见解理裂隙，部分碧玉可见白色不透明花斑状杂质，少量碧玉中白点密集且均匀分布，内含少量黑点，水线和绿斑较少（如图）。

新西兰碧玉原石

新西兰碧玉是新西兰的国宝，也是毛利人的象征，毛利人相信，一个地方的山、水、森林的生命力可以凝聚在石头中，这样的石头叫作生命石，被毛利人看作是部落领地的守护神，常立于部落入口显眼的地方，而生命石就是新西兰碧玉，新西兰碧玉在当地多雕刻成毛利人的符号。

最近几十年，毛利艺术家引领了碧玉加工技艺的复兴。越来越多的毛利和非毛利裔从业者正用这种珍贵的材质创作饰品和雕塑。通过他们的创作，传统毛利艺术形式得以继续发展。今天，碧玉被新西兰人珍爱，也成为当地特色的旅游产品。

四、新疆和田碧玉

新疆地区除了玛纳斯产碧玉，新疆和田亦产碧玉，而且自古以来多有文献记载。

五代时期平居海在《使于阗行程记》记载："于阗玉河，其源出昆仑山，西流一千三百里，至于阗界牛头山。乃疏三河：一曰黄玉河，在城东三十里；二曰绿玉河，在城西二十里；三曰乌玉河，在绿玉河西三十里。"

古人看事物很直观，以河水颜色命名，虽然时过境迁沧海桑田，千百年过去了，现在和田河只能看到玉龙喀什河（白玉河）和喀拉喀什河（墨玉河）两条支流，绿玉河已难觅行踪，但和田的确产碧玉，而且所产碧玉稀缺且名贵。

明代的《新增格古要论》中记载："玉出西域于阗国，有五色……凡看器物白色为上，黄色碧玉亦贵。”

到了清代乾隆年间，傅恒等人编纂的《钦定皇舆西域图志》中也有关于碧玉的记述：“和阗玉河所出玉有：绀、黄、青、碧、白数色。”

清乾隆时期《西域闻见录》记载了和田玉河子玉的颜色和名贵玉种：“其地有河，产玉石子。大者如盘如斗，小者如拳如栗，有重者三四百斤者。各色不同，如雪之白、翠之青、蜡之黄、丹之赤、墨之黑，皆上品。一种羊脂朱斑，一种碧如波斯菜，而金片透湿者尤难得。”

这其中就提到了带“朱斑的羊脂玉”和“绿如波斯菜的碧玉”，古人对于玉石的审美标准跟现在完全一致，现在对于白玉和碧玉最高等级的命名同样是：白如羊脂、绿如菠菜，“朱斑”即红皮，现在叫“红皮白肉”。“金片透湿者”有两种可能，结合笔者对现在挖掘出的碧玉子料进行对比，一是指碧玉中带洒金皮的子料，二是碧玉中铜铁矿的黄色斑块。和田产的碧玉带皮的子料并不多，其带皮的原因跟白玉子料的形成是一样的，同样是铁元素或者其他矿物元素沁在表皮形成的。（如图）

新疆和田碧玉带皮子料

此颗子料是从和田喀什河出土（当地挖玉人提供），从外观来看，此颗碧玉子料外表裹有一层金白色的皮子，且颜色绿如菠菜，应符合所谓“金片透湿者”，据当地挖玉人介绍，此颗碧玉子料是在2017年采挖出来的，在他的印象中之前也从未有过类似金白皮子的碧玉，很珍贵，“尤难得”。

新疆和田碧玉子料带“洒金皮”

除了金白皮色的碧玉，和田碧玉子料也有红色皮子，如下图：

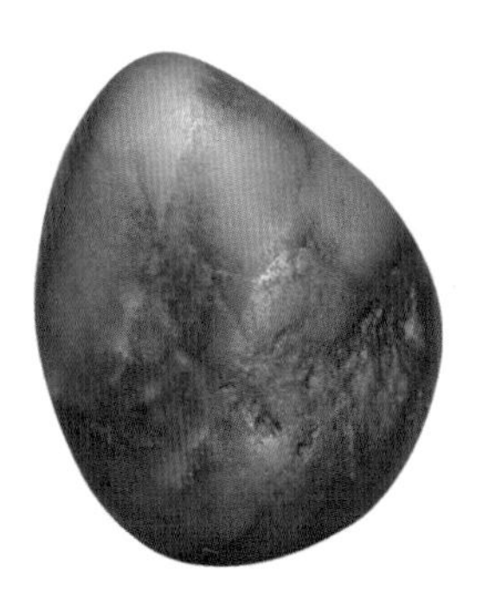

新疆和田碧玉子料带“红皮”

此颗碧玉子料顶部有聚红皮色，背面有细小绺裂，绺裂中也沁有皮色，很明显红色皮子是铁元素沁入形成。

在和田碧玉子料中，大部分都是没有皮色的，小的如指甲盖大小，大的重达几十公斤，听当地采挖人介绍，也曾有上百公斤的碧玉子料，但很少。

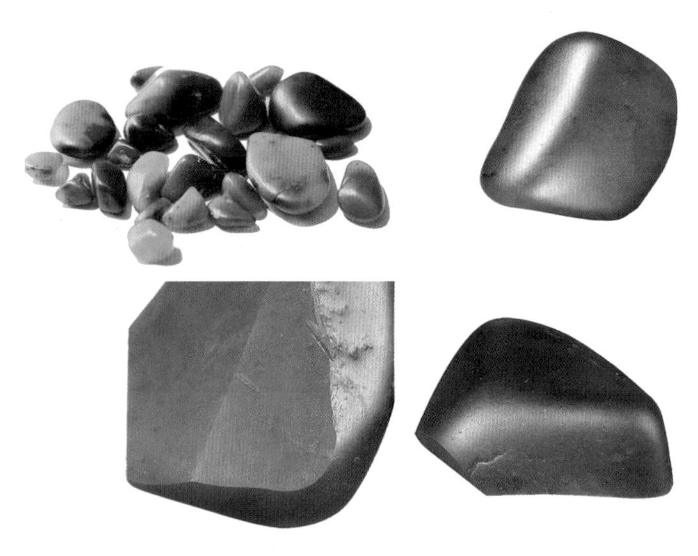

新疆和田碧玉子料

总体来说，据当地采挖人介绍，从目前的开采来看，碧玉子料的开采量很少，在众多的子料当中，碧玉的子料存量微乎其微，这也说明了碧玉子料的稀缺。

还需说明的是，和田玉碧玉子料基本都有黑点，无黑点鲜见，从上图可以看出关于碧玉子料的黑点的特点。文献曾有记载，斯坦因、黄文弼在罗布淖尔曾发现过碧玉斧，黄文弼描述为“碧玉，半透明，中有黑点”。故有无黑点无法作为判断和区别玛纳斯碧玉与和田碧玉的依据。

此外，据当地采玉人介绍，和田地区也出产碧玉戈壁料，但数量不多。

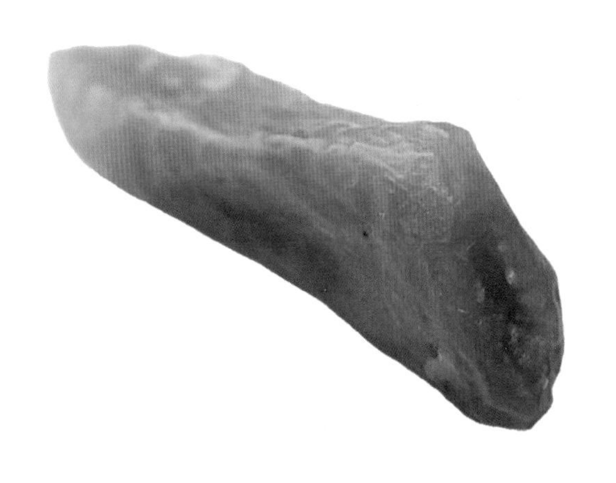

策勒戈壁碧玉（当地人提供）

第三节　玛纳斯碧玉基本情况

玛纳斯碧玉开采历史悠久，是我国早期开发利用的玉石品种之一，玛纳斯碧玉的主要矿物成分为透闪石—阳起石类质同象矿物，此外还含有少量的绿泥石、透辉石、蛇纹石、钙铝榴石、铬尖晶石等。它含透闪石90%以上，质地细腻、半透明、呈蜡质光泽。玛纳斯碧玉颜色多呈菠菜绿、灰绿、深绿、墨绿色，且颜色浓淡变化大，色调不均匀且多带有黑斑、黑点或带状的淡白色斑纹等，具体表现就是清透，黑点多，颜色略暗沉。产状既有山料，也有子料。子料翠绿，通透感强；山料大多数块度大，色闷，有黑点和杂质多。玛纳斯碧玉以色青如蓝靛者为贵，有细墨呈淡色者次之。玛纳斯碧玉颜色浓重，色相庄严，适合雕刻大件山水摆件或厚重古朴的器皿，故宫的玉石收藏中有不少玛纳斯碧玉雕琢的玉器精品。

一、环玉之县——玛纳斯县

玛纳斯县属于新疆维吾尔自治区昌吉州，位于天山山脉的北部，准噶尔盆地的南部。地理坐标为北纬 43°28′ 至45°38′，东经 85°34′ 至86°43′。玛纳斯，蒙古语为玛纳斯郭勒，意为滨河有巡逻的人，玛纳斯古城形状酷似凤凰，产金产玉，玛纳斯县素有“金版玉底”的美称，是中国玛纳斯碧玉的故乡，被誉为“天山金凤凰，碧玉玛纳斯”。

玛纳斯历史悠久，文化深厚，是古丝绸之路北道重镇、北疆最早的屯垦之地，史有“金玉之乡”“凤凰城”等美誉。玛河文化、碧玉文化、凤凰文化并称“玛纳斯三大文化”。“天山金凤凰，碧玉玛纳斯”的文化名片享誉全国。玛纳斯物产丰富、资源独特。全县有煤炭、石油、硫铁矿、碧玉、沙金等20多种矿产资源。玛纳斯碧玉在历史上曾作为敬献朝廷的贡品，玛纳斯因此有“中国碧玉之都”之美称。

二、孕玉之山——依连哈比尔尕山

玛纳斯碧玉产区处于北天山之依连哈比尔尕山主脊地带，雪山连绵，冰川发育，河流网密，气候恶劣，交通闭塞。区内5000米以上高山几十座，大多数山峰海拔均在4000米以上，只有北缘海拔在2000米左右，山前倾斜平原降至2000米以下。河谷下切强烈，最低河谷海拔不足1000米，高山深谷，相对高差可达2000—4000米，地形之险峻可想而知。高山冰川融水形成许多河流，春夏季河水猛涨，区内主要大河有玛纳斯河、金沟河、宁家河、塔西河等。积水面积广阔，河流较长，夏季流量特大，人马极难涉渡，给野外工作带来了极大的困难。

区内气候属高山型气候，冬季严寒，夏季凉爽，降水量充沛，温差巨大。最冷月 -40 ℃以下，最热月 20 ℃左右，年降水量较大，春夏季多雨雪，六至八月份为雨季，深山河谷及古冰碛阶地表面牧草繁盛，是良好的天然牧场。山前中山地带背阴坡原始森林广布，多为云杉，部分河谷生长有白杨、柳树等树木，这些都是很宝贵的森林资源。山内恶劣的气候、闭塞的交通、遍布荆棘的山路等情况为发现、开采及运输碧玉带来了极大的阻力。可见，得此美玉实属不易。

三、产玉之河——玛纳斯河

玛纳斯河是发源于天山北麓冰川的内陆河，位于新疆维吾尔自治区准噶尔盆地南部，流经玛纳斯县、沙湾县、石河子市、克拉玛依市，最后注入玛纳斯湖，全长450公里。这条河在历史上以出产碧玉而闻名于世，玛纳斯县也因河而得名。玛纳斯河上游水急多峡谷，下游平原坦荡。在其上游河段蕴藏闻名天下的玛纳斯碧玉，其“玉色黝碧，有文采，璞大者重十余斤”，清代乾隆年间曾在此设碧玉厂，与和田玉齐名共为清宫贡品，为清廷皇室独享。

在玛纳斯县，当地有句流传很久的俗语叫作“金版玉底”，这个说法是数百年来采金、捡玉人口耳相传用来厘分玛纳斯河道中金砂与玉料采集位置的经验所谈。金版是指在河道两侧容易采集到沙金，而河道底部则是发现子料的地方。新疆玛纳斯碧玉子料分布在这个范围内的几条较大河流中：玛纳斯境内的塔西河、清水河、玛纳斯河，沙湾县境内的宁家河、金沟河、大南沟，乌苏市现属的安集海河、奎屯河等均有产出。现已发现收集过的子料中以玛纳斯河和清水河产出的子玉最为上乘，颜色鲜绿、碧绿、浅绿不等。水头好，质地细腻温润，因其光洁的外表，色泽艳丽，发散宝光而备受青睐，是收藏的上品。其他河流中也偶有子料的发现，但还是以玛纳斯河产出的子料量大、质佳。

新疆玛纳斯碧玉以其子料多、块度大、块体完整、可加工性好、色泽艳丽著称，有别于其他产地的碧玉玉料，玛纳斯碧玉适合制作装饰品、把件、摆件、器皿、大型雕件。

玛纳斯河河道里，在五月中旬开始的枯水期，每天都会有一些哈萨克族牧民清晨开始就来到红山咀流域处捡拾玉料或奇石。他们从沿河的邻近乡村家中出发，步行约12公里到达河道。红山咀流域位于玛纳斯河中下游段，在上游处，当地建有水力发电站，红山咀电厂也在离河道不远的地方依山傍河而建。由于每年的五月至七月间为发电站蓄水期，所以现在这条宽百多米、长12公里的下游河道就因此露出河床，这个季节也是捡玉人“碰运气”的好光景。

公元1842年，林则徐在行经红山咀此处时，在日记中记载：“十里有玛纳斯河，车马涉过，是河本极宽深，今值冬令水弱，河流隔为三道，其深处犹及马腹，夏令不知如何浩瀚矣。”而现在，河床上行驶的是现代化的拉运砂石料的重型卡车，让人不由生起百年间便可沧海桑田的感怀。

夏季在河床上行走，随处可以看到捡玉人用几块石头简易垒起的像敖包一样的标志物，石块中间都会压上几条红色的布条或塑料薄膜，这其实只是捡玉人用来表示当天采集路程结束时的分界标志，以便在下次捡玉时只需沿此标志继续上行。这些捡玉人在分辨玉料时，总是习惯性地用手指从口里沾些唾液划在石头表面上，通过黏连的湿气来检测和判断皮相，据说这种检测方法的效果还不错。

铲车星罗分布在河道两岸的砂石场上，正在将堆积如山的砂料不停地装载到重型卡车上运往县城的建筑工地。这些砂料都是

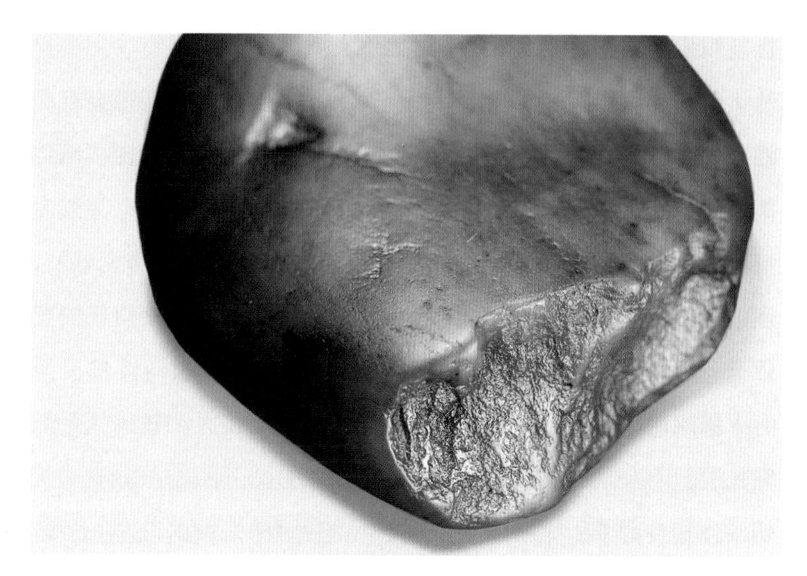

据当地人介绍，2002年6月在玛纳斯河上游河谷发现了一块重达700多公斤的碧玉，这也是玛纳斯历史上发现的最大的一块碧玉。当地人用了7天，雇了14个人才把这块硕大的碧玉原石拉出山。这块碧玉长1.6米，高1.2米，色泽碧绿。

从玛纳斯河道就地铲积而成的。放眼望去，河床已经变成了一个巨大的采砂场。由于采挖砂石过度，裸露地外的栗色或棕色的泥沙地质层低头就可清晰地看到。

四、玛纳斯碧玉山料矿概况

玛纳斯碧玉山料矿位于玛纳斯县的南部山区中，海拔3000—3500米的天山雪线一带，属于玛纳斯县清水河哈萨克民族乡辖区。在矿区北部海拔3000米以下，植被繁茂，气候多变，每年约从十月初到次年四月底有大量的降雪。再加上矿区山高坡陡、交通不便为开采者的抵达造成阻碍以及恶劣的地理环境等因素给玛纳斯碧玉的开采带来一定的困难。

区域内已知的玛纳斯碧玉矿区5处，包括乌苏市的夏尔萨拉，沙湾县的拜辛德，玛纳斯县的小吉尔恰依、黄台子（萨热塔克萨依）、清水河子等，其中后两者被认为有较大价值。笔者团队曾有人深入矿区对玛纳斯地区矿点进行野外考察，考察玛纳斯碧玉5个主要矿点——切阔台、萨尔达腊、黄台子、吉朗德、清涝坝。切阔台和黄台子矿点的碧玉样品较其他矿点质量较高。玛纳斯碧玉的矿体长度一般可以从几米到几百米，宽度从几十厘米至几米，呈透镜状、豆荚状、脉状及不规则状，边缘质量较差，矿体中间部位质量较好。

第四节　关于玛纳斯碧玉检测的问题

如上所述，全世界产碧玉的地方很多，而碧玉不像白玉体系，不同产地、产状的特征有明显差别，比如说和田白玉（子料）、青海白玉和俄罗斯白玉大部分都可以通过肉眼给予区分，检测也有相应的矿物标准。而玛纳斯碧玉的明显特征“黑点”几乎在所有碧玉产地都存在，那么难道玛纳斯碧玉就无法从其他碧玉体系中区别开来吗？

如果仅从肉眼来看，玛纳斯碧玉子料相对还是容易辨别出来

清宫藏碧玉器

的，因为玛纳斯碧玉子料的特点明晰，颜色翠绿，一般都带有墨绿色斑点，而且蜡质感和通透感强，特别是雕琢成玉器后，其油润性和山料雕琢的玉器可以明显区别出来。

玉料的鉴定有一句俗语：“子料无皮，神仙难断”，所以现代的玛纳斯碧玉子料雕琢的成品基本都带有皮，这也就易于与玛纳斯碧玉山料玉器和其他产地如俄罗斯碧玉和加拿大碧玉区别开来。但是古代特别是清宫的玛纳斯碧玉子料雕琢的玉器如何辨别出来？

按照史料记载，乾隆五十四年七月初四，乌鲁木齐都统尚安上奏乾隆皇帝当是将查禁获得的和下边官民上交的玛纳斯碧玉送进京共有子料17块：

“奴才尚安跪奏，为饬委便员恭送绿玉事。窃查，乌鲁木齐所属之绥来县南山产有绿玉，仰蒙皇上训谕，奴才业将堪明出产情形，设卡严行查禁，并饬委镇迪道于勘察之便，自行采取，与金夫呈出之绿玉，择交便员送京缘由，前经奏明在案。今有满营新放佐领灵泰系例应送部补行带领引见之员，除将前折具奏绿玉十五块内选出色润者八块，内有子玉三块、礤玉五块，共重五百六十九斤，欠润礤玉七块，重二百零一斤。再自五月以来，据镇迪道详报官兵商民人等陆续呈出大小绿玉六十二块，重三千二百二十九斤。奴才率同该道暨印房司员等细加查验，内有子玉十四块，礤玉四十八块，虽颜色之深浅、干润与本质之粗细大小不一，均系玛纳斯玉石，自应与选出之八块并欠润之七块，全行送京。以上共子玉十七块、礤玉六十块，共重三千九百九十九斤，俱用毯皮封裹，交该员于七月初四日起程送京讫。又有金厂夫头首出大子绿玉一块，据称系自金峒挖获，仍在山内，因路径崎岖，不能挽运。奴才即令绥来县申保就近查验，颜色尚佳，随饬该营协同该县酌拨兵夫，设法搬运，今已到城，约重一千二百余斤。现在打造坚固车辆，一俟完竣，即交后次补行引见之员送京。所有子玉、礤玉谨缮清单，恭呈御览，伏乞皇

清宫藏碧玉器

上圣鉴。谨奏。”[1]

而这些玛纳斯碧玉子料都雕刻成了玉器，而且几乎都不带皮，这就给鉴定增加了难度。

但办法总比困难多。为了从矿物学角度对玛纳斯碧玉进行检测，2016年北京文物局于平，首都博物馆黄雪寅、赵瑞廷曾对首都博物馆藏清代乾隆年制碧玉天鸡樽、明代碧玉卧牛摆件、明代碧玉太狮少狮摆件、明碧玉龙带钩（明定陵出土）、明碧玉素面带版两块（明定陵出土）等6件玉器文物通过显微镜、激光拉曼光谱

1　参见台北故宫博物院图书文献馆藏《军机处档折件》（041322号）。

仪、X射线荧光能谱仪无损科技检测设备进行了检测。检测结果发现：第一组的碧玉天鸡樽、明碧玉龙带钩、一块明碧玉素面带版的拉曼光谱检测，与第二组的明代碧玉卧牛摆件、明代碧玉太狮少狮摆件、另一块明碧玉素面带版三件玉器明显不同。经矿物检测，是因为第一组是靠近透闪石的低铁阳起石，与玛纳斯碧玉矿物检测是一致的；而另外一组的三件玉器与和田玉矿物特征吻合，是透闪石。第一组三件作品经检测显示，这三件玉器都含有铬（Cr）成色的深绿色墨点，玉质里还含有镍（Ni）元素[1]。说通俗些，我们肉眼看到的玛纳斯碧玉中的“黑点”就是铬铁矿成分，而肉眼能看到的玛纳斯碧玉中的“白点”，有绿泥石的成分。这也是玛纳斯碧玉最显著的特征。

而从肉眼来看，第一组的碧玉天鸡樽、明碧玉龙带钩、一块明碧玉素面带版三件玉器看起来共同之处是碧玉颜色翠绿，通透感强，肉眼亦可见玛纳斯碧玉的身份证明——墨绿色斑点，而且蜡质感极强，从比对玛纳斯碧玉原石标本和现代玉器来看，第一组三件玉器更为接近玛纳斯玉器，跟其他一组碧玉有较为明显的颜色和光泽的区别。

这个检测非常重要，我们无法回到当时的历史，但是通过现代的科学检测和肉眼的比对，还是可以较为清晰地对玛纳斯碧玉进行鉴别，这对清宫玛纳斯玉器鉴定奠定了坚实的基础。

1　于平、黄雪寅、赵瑞廷：《明、清碧玉文物工艺特点浅析及通过无损科技检测探究其与玛纳斯碧玉的关系》，载《丝绸之路与玉文化研究》，故宫出版社，2016，第235—274页。

关于碧玉的检测，近代以来还有一段不为人知的历史。据邓淑萍先生研究，汪精卫曾经在1941年访日赠予明仁天皇一条“翠玉屏风”(“翡翠屏风”)，后被归还至台北故宫博物院，无论赠予方还是受赠方都以为是翡翠。历经数十年后，2010年台北故宫博物院要进行一次玉器展览，邓淑萍先生借此机会，对屏风通过拉曼光谱、折射仪、显微镜检测，确定其“翠玉屏风”实为“碧玉屏风”。因其屏风有“翠绿色”，经检测为铬铁矿，这与玛纳斯碧玉中存在的“绿色斑点”的铬元素一样，所以邓淑萍先生在文章中也谈了这点，她认为“铬离子是让矿物呈现翠绿色的主要原因。这也就是玛纳斯碧玉可以冒充翠玉的主要原因了”。[1]虽然邓先生在文章最后并没有指明这件屏风材质是否是玛纳斯碧玉，但也起到了“拨乱反正”的意义，证明了这件见证历史的屏风是碧玉的。

在漫长的中华玉文化历史中，有太多的问题需要去探究，而对于原料的检测无疑是重中之重，客观来说，对于玛纳斯碧玉的检测鉴定而言，科学检测和经验观察积累都非常重要，因为没有一块玉是“相同”的，在实际操作中，仍需要尽可能多对玛纳斯碧玉进行矿物学的检测，扩大样本量，总结一些玛纳斯碧玉共性的特征，进而建立玛纳斯碧玉的检测标准，为鉴定对比清宫玛纳斯碧玉玉器提供科学的理论支撑。

---

1 邓淑萍先生考证了三份史料，都记录为“翡翠屏风”。参见邓淑萍《是谁欺骗了汪精卫和日本天皇——从一件嵌玉屏风谈“绿色玉”的迷思》，《故宫文物月刊》三三六期，2011年3月，第166页。

清宫藏碧玉器

第二章　玛纳斯碧玉的前世今生

第一节　传说中的玛纳斯碧玉

玉在山而草木润，玉在河则河水清。中国的玉文化源远流长，自古就有“玉入其国则为国之重器，玉入其家则为传世之宝”的说法。天山北麓金色的阳光里，静静地流淌着准噶尔盆地西南缘最大的一条内陆河流——玛纳斯河。她流经的地方，古时被人们称为“金版玉底”。“金版”是源于河床及两岸出产的黄金，“玉底”则是河床底蕴藏了大量的碧玉，至今仍有人背了水壶干粮在河床里寻觅。金版玉底的玛纳斯河流金淌银，物富民殷，传承着中华民族智慧血脉的各族人民把玛河流域变成了新疆的聚宝盆。

长达近万年之久的玉文化，需要源源不竭的玉料。尽管中国境内产玉地众多，但毫无疑问，蕴藏最富、品种最多、品质最好、影响最大的玉，还是产于新疆，产自昆仑山系的和田羊脂白玉与产自天山的玛纳斯碧玉共同成就了新疆“宝玉石之乡”的美誉。

《新疆通志》中说玛纳斯碧玉、昆仑山玉开发历史悠久，资源丰富，尤其是玛纳斯碧玉为全国独有，具有开发潜力。玛纳斯碧玉与和田羊脂白玉一样，都是新疆的名玉。外观上看，和田羊脂白玉晶莹剔透，毫光闪烁，手感滑润，而玛纳斯碧玉则绿光莹莹，青翠可人，质地坚硬。两者各有千秋，被世人视为收藏珍品。

2004年9月，在玛纳斯黑梁湾一座春秋战国古墓中出土了一件“四山铜镜”，这说明早在2000多年前，内地汉文化已经传入玛纳斯一带。县境内的破城子遗址、战国古墓群、陕西会馆、大疙瘩遗址等大量的文物古迹，印证了这里光辉灿烂的古代文明。

或许是路途险阻阻隔了后人的脚步，又或许是时光漫长让后人遗失了信息，考古出土玉器中，从史前时期到清代的碧玉材质的器物不断被发现，而其究竟产于何处，在以往的千年时间内一直是个谜。

玛纳斯碧玉产于今新疆昌吉州玛纳斯县南部天山北坡雪线一带，是我国玉器制作的重要原材料之一，然而历史文献对于玛纳斯碧玉的记载却十分有限，以致许多人对于玛纳斯碧玉的产地及其是否作为贡玉为宫廷玉器制作所使用仍存有疑问。2015年“丝绸之路与玉文化”研讨会上，杨伯达先生通过对散见于各处文献中零星记载的梳理以及多年经验，重点论述了玛纳斯碧玉矿的起讫问题。他认为，据先秦古籍《山海经》记载，“潘侯之山……其阳多玉”，“北二百八十里曰大咸之山，无草木，其下多玉”，“浑夕之山无草木，多铜玉”。清代《西域图志》认为：此中所言“潘侯之山”“大咸之山”与“浑夕之山”均在准噶尔部境内[1]，即今新疆天山北部地区，与现今玛纳斯碧玉矿区十分接近，故进而可以推断《山海经》所云三山之玉大约在先秦时期就已经为人采集和使用，而玛纳斯地区陆续发掘出土的一些早期碧玉制品亦可为佐证。[2]

“苍璧、青圭”多碧玉

中国玉器制作源远流长，在长达七八千年的发展历史进程中连绵不断，相沿不衰。先民们相信，透过通灵的美玉能汲取神明的智能，与天地交流对话。由最初以“苍璧礼天”——帝王贵族专属的神器，再到“君子无故，玉不去身”——士大夫们的佩饰玉，发展成为宫廷陈设、书房摆设的把玩用玉。

《周礼·春官宗伯·大宗伯》载：“以玉作六器，礼天地四方。以苍璧礼天，以黄琮礼地，以青圭礼东方，以赤璋礼南方，以白琥礼西方，以玄璜礼北方。”

是以不同玉色配合天地四方来祭祀各方神灵。苍璧，圆形，以象青天，故用来礼天；黄琮，方形，以象黄地，故用来礼地；青圭，象春物初生，故用来礼祭东方；半圭曰璋，象夏物半枯，故用来祭祀南方；白琥，象秋之肃杀，所以礼西方；半璧曰璜，

1　钟兴麟等校注：《西域图志校注·卷之四十三》，新疆人民出版社，2002，第550—552页。
2　杨伯达：《玛纳斯碧玉研究的几个问题》，载《丝绸之路与玉文化研究》，故宫出版社，2016，第3页。

西汉兽面纹玉璧，徐州狮子山楚王墓出土，徐州博物馆藏

象冬令闭藏，地上无物，唯天半见，故用来礼祭北方。

用碧玉做圭的传统一直延续到明清时期，明万历皇帝定陵地宫就出土了一件碧玉圭，而用碧玉做圭广见于明藩王的墓葬中。据于平研究员对明清出土碧玉的研究，江西明代藩王墓地中出土玉器墓达100多座，在南昌和南城的宁王、益王家族最为集中，在宁靖王夫人墓、益端王夫妇合葬墓、益庄王夫妇合葬墓、益宣王夫妇合葬墓、明益王元妃王氏墓、明益王次妃王氏墓、南昌食品公司基建工地明墓、安乐乡蒋巷村明墓、南城县朱亮乡明墓、新建乌县溪乡第三村等出土玉器（含玉珠）累计达数千件，其中出土碧玉玉圭8件。[1]

几千年来，玉器都承载着明等级、定礼制的重要功能，圭作为《周礼》的六器之一，到了明清时期其功能仍未变化，《明史》《明会典》里明确记载了玉在冠服制度中严格的等级使用范围，玉圭只有皇室成员才可以使用，从碧玉玉圭尺寸也可以看出等级的差异，定陵万历皇帝的玉圭长7寸，江西诸藩王的玉圭长5寸，这与《周礼》中记载“六瑞”规定的制度有一定的关联，《周礼·春官宗伯·大宗伯》记载：“以玉作六瑞，以等邦国。王执镇圭，公执桓圭，侯执信圭，伯执躬圭，子执谷璧，男执蒲璧。”《礼记·杂记下》记载：“圭，公九寸，侯、伯七寸，子、男五寸，博三寸，厚半寸，剡上，左右各寸半，玉也。藻三采六等。”这些都清晰地规定了玉圭作为区分政治等级的不同用法。

可见，从古代文献到明清出土的文物，碧玉圭的使用都佐证了碧玉独特的价值。

《说文解字》释“碧”字：“石之青美者”；张衡《南都赋》有“绿碧紫英”之说。综合古文献可以看出：古代碧玉包含了青、绿两种颜色。故宫博物院研究员张广文先生认为，古代玉器中，碧玉出现得非常早，人们熟知的三星他拉发现的新石器时代红山文化玉龙为“墨绿色”，应属碧玉。南宋张世南在《游宦纪闻》中认为：“玉分五色：白如截肪，黄如蒸栗，黑如点漆，红如

1　于平：《有关明清时期碧玉使用情况的一些研究》，载《丝绸之路与玉文化研究》，故宫出版社，2016，第85—102页。

曹植墓出土玉组佩

鸡冠，或如胭脂，惟青碧一色，高下最多。端带白色者，浆水又分九色：上之上、之中、之下；中之上、之中、之下；下之上、之中、之下。宣和殿有玉等子，以诸色玉，次第排定。凡玉至，则以等子比之，高下自见。”由此可见碧玉颜色多样，古代碧玉的概念与现代矿物学体系中的碧玉略有不同，古代的一些被称为“青玉”“绿玉”“苍玉”的玉石中，应包含了碧玉。

古人认为万物有灵，大自然更是有神灵在主宰，《说文解字》

释“灵”字：“灵，灵巫以玉事神。”所以用玉来祭祀天地四方，即玉礼。玉礼是中国古代文化的重要载体与重要形式，也是有别于世界上其他礼仪文明的重要特征。著名玉器专家殷志强先生曾说：“碧玉呈现的是苍天之色，是帝王之色，是权威之色，是社稷之色，是生命之色，是永不褪之色。《周易》载‘天行健，君子以自强不息’，‘地势坤，君子以厚德载物’。总之，碧玉既见苍天之色，又载君子之德，是厚德载物的理想材料，更能体现自强不息的君子精神，体现出君子胸怀大局，治理社会，管理天下的信心、勇气与力量。所以在古代礼仪文化中，碧玉是最重要的，是第一位的，关系到国家社稷的安稳，属于国家行为。以苍璧、青圭祭祀，寓意国家江山永不变色，大好河山永远掌握在手中。”[1]

自古以来，玉因其细腻的质地、纯净怡人的色泽和清脆悦耳的声音，给人以安静高洁的美感，受到人们的喜爱。特别是碧玉又可象征权力、地位、财富、吉祥等，具有丰富的文化内涵，形成了中国独具特色的玉文化。这种玉文化是人类在长期的社会实践中形成的，以玉石的特殊自然属性为依托，蕴含了人类思想意识、社会伦理和价值形态。

明代曹昭著《格古要论》卷六解析收藏要领，对碧玉、绿玉进行了区别：“碧玉其色青如蓝靛者为贵，或有细墨星者、色淡者皆次之，盖碧今深青色。”“绿玉，深绿色者为佳，色淡者次之”。据2017年首都博物馆研究员赵瑞廷先生首次利用体视显微镜、三

1　殷志强：《天之色君之德——试论西域碧玉的历史价值》，载《丝绸之路与玉文化研究》，故宫出版社，2016，第79—81页。

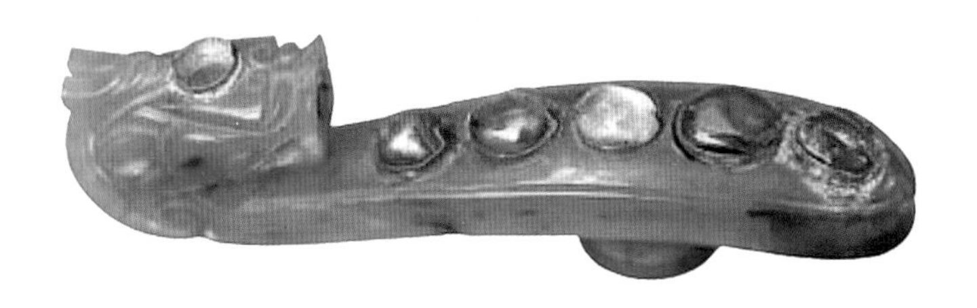

定陵出土碧玉龙带钩

维视频显微镜、X射线荧光能谱仪、激光拉曼光谱仪等无损科技检测设备，确认明代定陵万历皇帝墓中出土碧玉龙带钩所用玉料为玛纳斯碧玉。[1]

第二节　清代宫廷贡玉

清代的宫廷玉器的玉料来源大体是分为几个阶段的，首先是顺治至乾隆初期，新疆玉路不甚畅通，宫中所贮玉料甚少，到了

1　于平、黄雪寅、赵瑞廷：《明、清碧玉文物工艺特点浅析及通过无损科技检测探究其与玛纳斯碧玉的关系》，载《丝绸之路与玉文化研究》，故宫出版社，2016，第272页。

雍正朝，随着造办处的设立与发展，宫廷器物制造逐步发展起来，官窑瓷器、漆器、玻璃、珐琅等器类相继进入了创新发展的阶段，唯独玉器的制作比较艰难，受到玉料的限制，未形成体系。当时的玉料主要来源于宫廷旧藏和小部分的官员进贡，玉器的制作也以“收拾”为主，也就是进行简单的清理、修补和改制，如“雍正四年九月二十六日，郎中海望持出：青玉福寿有余磬一件（紫檀木架）、青玉三星拱照磬一件（紫檀木架）、白玉福寿天喜磬一件（紫檀木架）、白玉长方磬一件（紫檀木架）、白玉海星添寿磬一件（紫檀木架）、汉玉双喜磬一件（紫檀木架）、白玉福寿磬一件（紫檀木架），奉旨：此架子有应收拾的收拾，应换的换。钦此”[1]。

直到乾隆二十四年平定新疆后，打通了中原与新疆的通道，宫廷玉器的制作进入了鼎盛阶段。这一时期，乾隆定下了每年将新疆所产的玉石当作赋税上缴给清廷的制度，也就是贡玉制度。

乾隆二十四年十二月，“酌定和阗六城赋税……一所产玉石视现年采取所得交纳”[2]。

从此以后，新疆叶尔羌、和田等地的玉石，定期源源不断地运往京城，进贡朝廷，这时才是玉料源源不断输入中原和宫廷的开始。

但是乾隆之后，嘉庆皇帝不断修改贡玉的政策，采取了一套新的方案，将乾隆四十三年的定例都删除了，完全放开了民间的

1　香港中文大学文物馆、中国第一历史档案馆合编《清宫内务府造办处档案总汇》卷2，人民出版社，2007，第50页。

2　《清实录·高宗纯皇帝实录》卷602，中华书局，1986，影印本，第755—756页。

玉石开采权限，民间可自由开采玉石，贡玉数量也减少了，直到道光时期终止了贡玉制度。

嘉庆四年四月，“应将各卡官兵彻回归伍，免致借端扰累。更请每年于官玉采竣后，准商民请票出境，互相售买玉石”[1]。“每岁所贡，约逾四千斤……嗣后宜减其额，岁贡以二千斤为率”[2]。

一、贡玉制度

清代玉器在继承历代帝王玉器传统的基础上，得到了空前的发展，是中国古代玉器最鼎盛的时期，贡玉也是清代玉石资源进入皇室的重要方式。

乾隆二十至二十五年，新疆平定，清朝开始在新疆开辟采玉及贡玉机制。先是让民众上山采：

“取斯玉于密尔岱之山也，司事之臣盖驻叶尔羌之大臣玛尔兴阿，于凡凿采递运无不给以日价茶盐”[3]。

其后又由高朴代之，高朴到任后，“清开密尔岱山，派回人三千余至山采玉，所获玉料大小无算”。

但高朴勾结奸商，将玉料“私售牟利”而且引起了当地民众的不满，乾隆命永贵将高朴审明并在当地正法示众，又减免了采玉人应纳之税。经过了高朴案后，事情才理出了头绪，之后便由

1 《清实录·仁宗睿皇帝实录》卷43，中华书局，1986，影印本，第528页。

2 《清实录·仁宗睿皇帝实录》卷258，中华书局，1986，影印本，第486—487页。

3 张广文：《和田玉与清代宫廷玉器》，《紫禁城》2018年第9期，第56页。

驻疆大臣每年将玉料按岁贡运至京，保证了宫廷玉料的供应，其后便是宫廷玉器生产高潮的到来。

贡玉到京后由军机处转交到造办处，造办处在乾隆的旨意下确定制造方案，再分派到各地加工。为宫廷加工玉器的作坊除了宫廷造办处的玉作和如意馆，两淮、苏州、杭州、江宁、淮关、长芦、九江、凤阳等地都曾被分派任务为宫廷加工玉器。乾隆年间，每年宫廷制造的玉器有数百件之多，且逐年递进，高潮迭起，玉器精品不断出现。

清代的贡玉是正赋，乾隆在《于阗采玉》诗中写到“于阗采玉春复秋，用作正赋输皇州”[1]。

正赋在中国古代一般指的是地丁税，由于乾隆时期推行“摊丁入亩”的政策，将人丁税也并入了土地税，也就是说贡玉实际上是一种田赋。

贡玉又可以分为岁贡和特贡。根据现有资料，岁贡始于乾隆二十四年，乾隆在平定回部以后，商定了和田六城的赋税，其中一项就是上交玉石，“所产玉石视现年采取所得交纳”，规定了和田地区要将当年采获的玉石全部交纳入贡。由此可知，岁贡是指新疆和田、叶尔羌等地区按照规定，每年都需要采捞一定数量的玉石入贡给清中央政府。岁贡的开采时间也分为春季和秋季两个阶段，并有数量的规定，岁贡以河产子玉为优先，开采多少全部进贡，在子玉数量不足的情况下开采山料进行补数。

1　爱新觉罗弘历：《乾隆御制诗文全集5》，中国人民大学出版社，2013，第42页。

特贡指的是清朝皇室或者皇帝出于某些需求，专门派人到新疆，或者下旨命令新疆的地方官员征集或采集玉料进贡给宫廷。比如皇室需要祭祀和庆典用玉时，派人到叶尔羌、和田专门收集制作玉磬、玉册、玉玺、玉印等的玉材。特贡并没有严格的时间和数量限制，也没有规定新疆每年都需要进贡，具体进贡的时间和数量都是以清皇室和皇帝的需求为准的。关于特贡开始的时间，目前还没有明确的史料证明，但笔者个人认为如果将地点不局限在新疆，特贡这种制度可能并非从乾隆皇帝开始的，雍正皇帝时期已经有史料记载雍正皇帝下令命官员进贡玉石：

“雍正十年九月初二日，圆明园来帖内称，本日内大臣海望奉上谕：尔等寄信与年希尧海保将好玉材料寻些送来。钦此。”[1]“(雍正十一年)五月初一日，圆明园来帖内称，司库常保首领太监萨木哈持来碧玉石子一块、白矿石子一块（系年希尧进），奉旨：应做何物即做何物用。钦此。”[2]

这种情况主要集中出在雍正朝的晚期，也侧面证明了清早期玉料的匮乏。

除了正赋，从乾隆收复新疆到嘉庆年间，和田地区所贡玉石都是作为土贡上交的。土贡是中国历史上臣属、藩属或地方向君主或中央进献土产、珍宝和财物的一种方式，也是赋税的原始形式。《尚书·禹贡》：“禹别九州，随山浚川，任土作贡。”自秦汉

1　香港中文大学文物馆、中国第一历史档案馆合编《清宫内务府造办处档案总汇》卷5，人民出版社，2007，第298页。

2　香港中文大学文物馆、中国第一历史档案馆合编《清宫内务府造办处档案总汇》卷6，人民出版社，2007，第691页。

至明代，土贡一直沿袭下来。清代虽陆续取消了各地的进贡，但效果不理想，地方仍然报效如故。

土贡实际上也是回疆赋税的一种，属于杂赋，《西域图志》卷三十四贡赋记载中，将“和阗所属之玉陇哈什、哈拉哈什两河产玉，驻扎大臣采取，量其所得进贡，无定额”[1]一条明确地归入在土贡名目下。乾隆三十年八月下旨将巴延弼任为宣化镇的总兵官，下令将其派往新疆和田地区办事，同时告诫他和田采办贡玉的事宜，其中提到“和阗采玉，系常年土贡”[2]，可见和田地区贡玉是乾隆皇帝认可的常年土贡。和宁《回疆通志》记载了嘉庆四年只在玉陇哈什河开采玉石15天，“所获玉石解送叶尔羌，奏充土贡，并无定额”[3]。

二、清朝贡玉与赋税的关系

综上所述，清朝的贡玉制度实际上是赋税的一种，具有强制性。贡玉制度直到清代道光时期才被废止，道光元年“着交和阗、叶尔羌办事大臣等，将此项每岁应交贡玉，暂行停采”[4]。

1　傅恒等：《钦定皇舆西域图志（四）》，载《西域图志校注》，新疆人民出版社，2014，第635页。

2　《清实录·高宗纯皇帝实录》卷742，中华书局，1986，影印本，第168页。

3　和宁：《回疆通志》，文海出版社，1966，第268页。

4　《清实录·宣宗成皇帝实录》卷17，中华书局，1986，影印本，第313—314页。

三、玛纳斯碧玉入京

回到玛纳斯碧玉的话题上，玛纳斯碧玉是不是贡玉呢？从上文对贡玉制度的定义上来说，玛纳斯碧玉并没有被归到贡玉制度。清代《钦定皇舆西域图志》里记载："绥来县（玛纳斯）粮赋：额征粮七百四石九斗一升六合。田七千三百二十亩，每亩科征细粮米面八升，折征小麦九升六合三勺。乾隆三十八年，以安插民户，垦种地亩升科三千九百六十亩，后递年增垦，至四十年如今额。"[1]也就是说，玛纳斯的正赋里只有田赋，清廷没有将碧玉纳入了赋税系统，目前也没有准确的资料显示清朝政府对玛纳斯地区进行类似和田和叶尔羌地区和田玉的开采。但可以肯定的是，乾隆时期一直有大批的玛纳斯碧玉玉料进贡到宫廷。

在乾隆以前，与同处于新疆的大名鼎鼎的和田玉不同，玛纳斯碧玉还不受朝廷重视，处于自然采集的阶段。此阶段的玛纳斯碧玉只有零星偶然的采集，知名度不高，影响不大，清朝朝廷也不干预。乾隆三十三年，纪晓岚因为一个盐务案调到乌鲁木齐两年，在记录自己见闻时仅仅提到玛纳斯地区产金矿，但并未提到玛纳斯碧玉；乾隆四十七年完成的《钦定皇舆西域图志》里记载："色多青碧，不如和阗远甚。"也可以说明，虽然朝廷已经知道玛纳斯产玉，但玛纳斯碧玉并未得到官方的关注，而且评价还比不

1　傅恒等：《钦定皇舆西域图志》，载《西域图志校注》，新疆人民出版社，2002，第468—469页。

上当时的贡玉——和田玉。

玛纳斯真正进入宫廷视野是乾隆晚期，与新疆金矿的开采有一定关系。在清廷接管新疆后，玛纳斯地区一直是清代很重要的金矿区，清廷在玛纳斯一带设立金厂后，越来越多人来到玛纳斯淘金。而玛纳斯一带既产金又产玉，很多淘金人会在河里捡到玉石，携带出来。乾隆五十四年七月初十日，时任乌鲁木齐都统的尚安给乾隆皇帝上了一件奏折，称："窃查，乌鲁木齐所属之绥来县南山产有绿玉，仰蒙皇上训谕，奴才业将勘明出产情形，设卡严行查禁，并饬委镇迪道于勘察之便，自行采取，与金夫呈出之绿玉，择交便员送京缘由，前经奏明在案。"[1]"绥来县"就是现在的玛纳斯，"金夫"是挖金人，"金厂夫头"可能就是管理金厂的官员。淘金人携带玉石出来后，这些玉石逐渐流向市场，玛纳斯产玉的情况也就越来越多的人知道，由此可知，"玛纳斯碧玉逐渐广为人所知恐怕就是在乾隆朝中叶，特别是乾隆三十六年（1771年）玛纳斯南面一带发现金矿以后。至乾隆四十七年在这些地方开设官办金厂，玛纳斯碧玉的市场流通量便日益增多"[2]。

玛纳斯碧玉正式进入宫廷视野是在乾隆五十四年，是年三月初九日，乾隆皇帝发布了一道上谕："玛纳斯所出绿色玉石与和阗所产白色玉石一体查禁。嗣后如有偷带之人，一经查出，即照私带玉石之例治罪。"[3]这道谕旨标志着玛纳斯碧玉正式进入清代宫廷

1 参见台北故宫博物院图书文献处藏《军机处档折件》（041322号）。

2 郭福祥：《乾隆宫廷玛纳斯碧玉研究》，载《丝绸之路与玉文化研究》，故宫出版社，2016，第131页。

3 参见台北故宫博物院图书文献处藏《军机处档折件》（043093号）。

的视野之内，进入官方开采阶段。

在乾隆颁布谕旨之后，新疆地方政府反应非常迅速，马上采取了查禁的政策，并向乾隆皇帝报告。目前所见最早的关于玛纳斯碧玉查禁情况的奏报是乾隆五十四年四月二十日乌鲁木齐都统尚安的《为查明玛纳斯产玉情形并设卡稽查事折》，距乾隆发出查禁谕旨仅40多天。该奏折记录如下：

“奴才尚安跪奏，为查明产玉情形并设卡稽查缘由，仰祈圣鉴事。窃，奴才钦奉谕旨，查禁玛纳斯所产绿玉。当即饬委镇迪道凤翔、署玛纳斯副将马胜国前往勘察，并通行晓谕严禁，暨勒限首报等情，先经奏明在案。兹据道员凤翔等查明禀复，出产玛纳斯绿石地方共有三处，一由绥来县城南行入山百余里地，名清水河；一由清水河转而向西行百余里地，名后沟；一由后沟西行一百七十里地，名大沟，皆产绿石。山沟各长六七十里，惟大沟绿石较多。讯之刨金人夫并遍加询访，佥称自乾隆四十七年官开金厂以后，金夫等采取金砂之际，或由土内刨出，或于沟中水小之时，见有浮出水面者，顺便捡出售卖，每斤不过得钱数十文。因入山二三百里之深，峻岭崎岖，实无专往刨挖之人，城市亦无专收贩卖之商。并据该道等将自行采取并金夫呈出收存之大小绿玉十五块，携带出山。奴才详加验视，其中色淡而稍润者八块，共重五百余斤，拟俟便员恭赍呈览。其余七块，色俱黑暗，并不光润，仍饬该道收存，统俟续行查出，或限内自行首出之玉内，若有色润而佳者，再行送京。并恐金夫及居民人等仍将好者匿存，图获重利，遂面谕该道等密派妥人在城市地方严加查访外，至三处山内，东西南三面并无路径，惟峡口以北有小路可以四通。查博罗通古沟口、塔西河口原设有金厂卡伦二处，派拨弁兵，严密巡逻。奴才仍不时派人稽查，可期无偷采透漏之弊。谨将堪明出产绿玉情形并应设卡伦处所，绘图贴说，恭折具奏，伏乞圣鉴，谨奏。”[1]

该奏折主要信息有四：一是查明了玛纳斯产玉的地方主要有三处——清水河、后沟和大沟，其中大沟产碧玉最多；二是挖金人是在河里顺便挖到碧玉的，市价便宜，目前没有专门采玉的人，市场上也没有专门收购碧玉的人；三是目前见到的碧玉玉料质量不是很好，有好的再送往京城；四是已严格执行查禁的政策，并告知产玉区内的各类居民，严禁私窃偷采，以防患于未然。

乾隆五十四年开始了对玛纳斯碧玉的查禁，对玛纳斯碧玉实行了严格的管控措施，确定了私人贩卖运输玛纳斯碧玉的非法性，也为宫廷垄断玛纳斯碧玉资源提供了条件，更为乾隆后期宫廷大量制作碧玉玉器提供了玉料基础。由此，玛纳斯碧玉不再是民间流通的商品，而成为官方尤其是宫廷的垄断性资源，宫廷成为玛纳斯碧玉唯一的合法利用者。

但目前还没有历史材料能够确定玛纳斯碧玉最早是在什么时候成为清代宫廷玉器制作的原料。但可以肯定的是，清宫大规模使用玛纳斯碧玉是在乾隆皇帝发布查禁令以后。根据郭福祥在《乾隆宫廷玛纳斯碧玉研究》中的观点，玛纳斯碧玉最早运往宫

---

1 参见台北故宫博物院图书文献处藏《军机处档折件》（043093号）。

廷的时间可能就是发布查禁令的乾隆五十四年。这一年七月初四日，乌鲁木齐都统尚安上奏乾隆皇帝：

“奴才尚安跪奏，为饬委便员恭送绿玉事。窃查，乌鲁木齐所属之绥来县南山产有绿玉，仰蒙皇上训谕，奴才业将堪明出产情形，设卡严行查禁，并饬委镇迪道于勘察之便，自行采取，与金夫呈出之绿玉，择交便员送京缘由，前经奏明在案。今有满营新放佐领灵泰系例应送部补行带领引见之员，除将前折具奏绿玉十五块内选出色润者八块，内有子玉三块、礤玉五块，共重五百六十九斤，欠润礤玉七块，重二百零一斤。再自五月以来，据镇迪道详报官兵商民人等陆续呈出大小绿玉六十二块，重三千二百二十九斤。奴才率同该道暨印房司员等细加查验，内有子玉十四块，礤玉四十八块，虽颜色之深浅、干润与本质之粗细大小不一，均系玛纳斯玉石，自应与选出之八块并欠润之七块，全行送京。以上共子玉十七块、礤玉六十块，共重三千九百九十九斤，俱用毯皮封裹，交该员于七月初四日起程送京讫。又有金厂夫头首出大子绿玉一块，据称系自金峒挖获，仍在山内，因路径崎岖，不能挽运。奴才即令绥来县申保就近查验，颜色尚佳，随饬该营协同该县酌拨兵夫，设法搬运，今已到城，约重一千二百余斤。现在打造坚固车辆，一俟完竣，即交后次补行引见之员送京。所有子玉、礤玉谨缮清单，恭呈御览，伏乞皇上圣鉴。谨奏。”[1]

1　参见台北故宫博物院图书文献馆藏《军机处档折件》（041322号）。

这封奏折是说，新疆地方官员将查禁获得的和下边官民上交的玛纳斯碧玉送进京，其中子玉17块、礤玉60块，共重3999斤，总共玉石一共78块5200余斤，由此可见，玛纳斯碧玉的玉料体积是比较大的。更具重要意义的是：这也是玛纳斯碧玉第一次大规模运往宫廷，其所雕刻出的玛纳斯碧玉玉器也成为第一批宫廷玉器。虽然从目前故宫博物院所藏碧玉玉器中无法辨别出哪些是这批玛纳斯碧玉所雕琢，但确切无疑的是，这已经奠定了玛纳斯碧玉作为皇家玉料的历史地位和重要价值。

第三节　玛纳斯碧玉的开采

新疆自古就产碧玉，《山海经》中提到“潘侯之山，其阴多玉”，“大咸之山，其下多玉”，“浑夕之山，多铜玉”。而清代《西域图志》一书的作者认为：潘侯、大咸、浑夕等山，其实都在准噶尔部境内，并说：“（准噶尔部）玉名哈斯，色多青碧，不如和阗远甚。”而玛纳斯地处天山北麓中段，准噶尔盆地南边，因此这个潘侯、大咸、浑夕山产的玉，极有可能说的就是玛纳斯碧玉，只是叫法不同。

玛纳斯碧玉在清宫的记载中，有过多个名字：绿玉、碧玉、子玉、礤玉、菜玉等。那么这些名称有什么区别呢？是不是为了区分玛纳斯碧玉的质量？如乾隆五十五年六月二十八日，乌鲁木齐都统尚安再一次向乾隆皇帝奏报有关近一年以来续查获玛纳斯碧玉的情况：

“奴才尚安跪奏为续经查获绿玉，恭折奏闻事。查玛纳斯绿玉自上年四月钦奉谕旨查禁后，旋据兵民人等首出及镇迪道凤翔于查山之便顺采子玉、礤玉，俱经奴才奏明，饬交便员送京在案。缘玛纳斯所属金厂连界处即产有绿玉，该厂金砂不旺，诚恐金夫籍名偷挖，是以奏明封闭。自封闭之后迄今逾数月，仍恐有牟利之徒潜入私挖金砂或偷窃绿玉。奴才复于五月内乘其雪化之时，遴委实心任事之文武员弁，分道入山搜查，谕令于山峒水沟如有埋藏并显露玉块，概行收运出山，免滋日后偷窃之弊。兹据该委员等禀报，旧开金厂即产石之处，并无一人，惟顺道收采得绿玉四块，复于山之背后见一峒，内积雪虽多，而深浅不一，当此炎热之际，有微露绿石之处，饬令兵役将雪除开，竟全系绿石。自系从前金夫所藏，尽行移出，共有八十八块。又，自本年二月起至五月止，据各属陆续禀报，有商民等于奉禁之前，或系外出贸易，或实因患病，于限内未及呈缴，陆续自首者，共交出绿玉二十三块，虽系自行呈首，但逾限已久，究属违例。随饬该管州、县量予责惩示儆。所有委员收采及自首绿玉大小共计一百一十五块，奴才率同司员与镇迪道、迪化州细加查看，择其色质光润子玉九块、礤玉八块，共重一千四百五十八斤，稍润子玉十六块、礤玉二十三块共重二千八百一十七斤，应俟便员分起陆续送京。其余粗黯之绿石计五十九块共重二千七百二十八斤，似未便一体送京，以省沿途輓运之烦，应请存贮道库，造其斤数细册，以备查考。除仍饬各属严密搜查，不得稍懈外，谨将委员查山收获及陆续自首绿玉缘由，恭折具奏，伏祈皇上睿鉴，谨奏。”[1]

由这段可知，清朝将玛纳斯碧玉统称为绿玉，又分为光润子玉、磜玉、稍润子玉、磜玉以及粗黯子玉。其划分的标准都是质地的“润”，这与中国传统上对玉的理解和划分是吻合的。而对于绿玉、子玉和磜玉的定义与区别，杨伯达先生曾在《玛纳斯碧玉研究的几个问题》该篇文章中，进行了诠释。

“绿玉”一词曾出现在明朝初年的《新增格古要论》里：“绿玉，深绿色为佳，色淡者次之，其中有饭糁者最佳。”[2]清朝在后来的档案中直接称玛纳斯碧玉为绿玉，一直到咸丰年间，绿玉的定义变为翡翠。

子玉，根据杨伯达先生和郭福祥的定义，是出于水中的玉子。

“磜”字，在汉字词典里是粗石的意思，可大致推断出尚安奏折中的“磜玉”即是质地比较粗的玉石。而在尚安奏折中又将“磜玉”与“子玉”做出划分，郭福祥在《乾隆宫廷玛纳斯碧玉研究》一文里写道，“子玉”是指脱离矿脉质地细腻的河玉子料，那么“磜玉”就应该是直接从矿脉中开采下来的山料玉。[3]乾隆四十六年九月十四日上谕：“景福等所奏办理拿获私盗玉石案一折内，写有 cadzì (碴子石)、dzì el (子儿石) 字样。cadzì (碴子石) 即

1 参见中国第一历史档案馆藏《尚安奏为续经拿获玛纳斯绿玉事》，《宫中档案全宗》，04-01-36-0094-003号。

2 曹昭撰，王佐增补：《新增格古要论》，浙江人民美术出版社，2019，第196页。

3 郭福祥：《乾隆宫廷玛纳斯碧玉研究》，载《丝绸之路与玉文化研究》，故宫出版社，2016，第146页。

山玉石，dzì el（子儿石）即河玉石也。若将玉石写作 cadzì、dzì el，竟如汉语矣。着将此寄谕景福等知之。钦此。”[1]乾隆的谕旨大意是满语中河玉和山玉的写法问题，但在乾隆时期的汉语相关文献中显示，山料玉也常写成“碴子石”“碴子玉”或“礤玉”，河玉石也写作“子玉”“玉子”或“子儿石”。乾隆也把和田玉的山料称为礤子石，“任其自落而收取焉，俗谓之礤子石，又曰山石”[2]。因此尚安奏折中的“礤玉”实际上就是山料玉的别称。

因此，清代玛纳斯碧玉的开采是既有子料，也有山料。子玉的开采的发现是在前面有记载的三条河里，“出产玛纳斯绿石地方共有三处，一由绥来县城南行入山百余里地，名清水河；一由清水河转而向西行百余里地，名后沟；一由后沟西行一百七十里地，名大沟，皆产绿石”[3]，即清水河、后沟和大沟。

《新疆图志·实业志（二）》中对玛纳斯县清水河出产的碧玉曾有一段注文称：“玛纳斯河源清，产玉，故名清水河。玉色黝碧，有文采，璞(引者：即石包玉)大者重数十余斤。又北流百里，入乌兰乌苏河中，多碧玉。清水河之西，乌兰乌苏之东有库克河(引者：又名宁家河)，其源出奇喇图鲁山中，多绿玉，旧设绿玉厂。又绥来城西之百余里，曰后沟，曰大沟，均产绿玉。”[4]

1　中国第一历史档案馆编《乾隆朝满文寄信档译编》第15册，岳麓书社，2011，第596页。

2　详见《西域闻见录》，桐辉朝阳氏出版，清咸丰三年抄本，卷2上新纪略下。

3　参见台北故宫博物院图书文献处藏《军机处档折件》（043093号）。

4　转引自《丝绸之路与玉文化研究》，故宫出版社，2016，第272页。

而且玛纳斯地区是金玉同出，一般是由淘金人淘金的时候在河里捡到。《新疆图说》:“奇喇图鲁山，在绥来县城南一百八十里，金版玉底。”“金版玉底”，是玛纳斯当地人流传很久的俗语，这个说法是数百年来，采金、捡玉人口耳相传用来厘分玛纳斯河道中金砂与玉料采集位置的经验所谈。金版是指在河道两侧容易采集到沙金，而河道底部则是发现子料的地方，因此玛纳斯也是一个“金玉之乡”。

玛纳斯碧玉的原生矿主要分布在新疆玛纳斯县南面的天山山坡上。山料在清中期时开始开采，到了乾隆年间，也就是公元1789年，便停止开采玛纳斯碧玉了。清代绿玉厂停止开采以后，100多年来原生碧玉矿一直不为人所知，直到1973年被重新发现。

玛纳斯有原生矿和砂矿，原生矿床属于透闪石玉矿床中超镁铁岩型，主要分布在安集海—玛纳斯—清水河一带，位于北天山超基性岩带的东段，范围东西长30多千米，宽数百米，矿点10余处，储量丰富，目前已发现碧玉矿及矿点6处，其中以黄台子碧玉矿储量最大、质量最好，另外在河流和冰川的冲积层中也经常可以捡到碧玉的子料。

1973年在玛纳斯原生矿被发现后，当年就开始筹建玉石矿，1974年原国家地质部等三部委投资正式成立了玛纳斯玉石矿，到1975年开始大量开采，并掀起“采玉热”。到了1980年，由于国内外玉器市场的变化，加上玛纳斯碧玉品种单一，销路不畅，采玉热度下降，到1985年才采玉2.5吨。至20世纪90年代后期产量逐渐下降，市场需求不多，主要生产碧玉的玛纳斯玉石矿基本停产。到了2001年5月，玛纳斯玉石矿与煤矿合并，国有矿山退出了开采30多年的历史，原玉石矿由个人开采。

目前玛纳斯碧玉的开采主要以玛纳斯河中的子料为主，在洪水过后河中汇集了上万捡玉人的壮观景象，山料矿由于开采了几十年，资源已近枯竭，目前主要是一些哈萨克牧民自发开采，每年约有7、8吨。

清代玛纳斯碧玉的开采子料和山料都有，子料质地比较好，山料质地比较差，但块头很大。开采的方式原来以私采为主，但在乾隆五十四年颁布禁令后禁止了私采，但政策没有落到实处，还是有当地人私采。而管理机构也不得不采取一些措施防止私采，一个就是兵丁巡查盘问，兵丁会在玉厂附近巡查，并且对过关的平民进行盘查，也会缴获一批玉石。但实际上玛纳斯碧玉的查禁远没有贡玉的查禁那么严格。

相比昆仑山北麓的“和田玉”，清廷为了防止贡玉的私采，设置了关卡，派兵管理，严禁私行采玉。“永贵奏……密尔岱山产玉地方，有奇盘、舒克苏二处最关紧要，应专派员管辖。……再该处卡座，向系大臣派委侍卫验放”[1]。私采的惩罚也很严格，“密尔岱山宜永远封禁。回民赴山偷采，惟卡伦兵丁严行稽查，一经盘获，即将人赃一并解送该管大臣处，严行究治。如果能实力巡查盘诘，私玉自不能偷越其卡伦”[2]。

---

1 贺灵主编《中国新疆历史文化古籍文献资料译编26》，克孜勒苏柯尔克孜文出版社，新疆人民出版社，2016，第863页。

2 李宏为：《乾隆与玉》，华文出版社，2013，第426页。

盛世藏玉，新中国成立后，沉睡了近200年的玛纳斯碧玉重见天光。1973年，应国家轻工业部要求，玛纳斯县组织勘探队开始重寻玛纳斯碧玉矿床，据玛纳斯地方志史料记载，当时的勘探队找到了哈萨克老人哈力亚斯哈尔·努尔别克阿吉，哈萨克老人回忆起1929年他14岁时，一位乌鲁木齐的回族商人从玛纳斯库克莫依纳克（地名）草原上山找到了玉石矿，并驮着玉石下山。哈萨克老人根据当时的回忆，带着勘探队从玛纳斯县的沙尔塔和太（地名）进山，冒着下雨的恶劣天气，在满是冰雪覆盖的峡谷中找到了玉石矿，又在斯尔吐木斯合草原下的库克库勒湖周围发现了玉石，哈萨克老人又根据回忆带领勘探队在库克萨依（地名）和海拔3200米的萨尔达拉草原找到了玉石矿。[1]自此以后，玛纳斯县在时隔184年后重新开始“官办”开采。

第四节　玛纳斯碧玉的运输

一、古代玉石之路与重镇

提到东西方的交通要道，人们第一时间想起的一定是丝绸之路。然而，早在丝绸之路开通的前1000多年，有一条道路就已经将中国内陆与欧亚大陆悄然联系在一起，这就是玉石之路。但如今，“丝绸之路”我们耳熟能详，“玉石之路”却鲜为人知。玉

1　玛纳斯县政协文史资料委员会编《玛纳斯文史资料》第十七辑，2015，第53页。

石之路是以和田玉为媒介，沟通东西方的交通要道，它不仅为后续的丝绸之路开辟了道路，而且在传播东方文化和艺术，沟通东西方经济、科技和文化交流方面，也不断发挥着重要的作用。

几千年来的“玉石之路”未必只有一条，它以新疆和田为中心，向东西两翼运出和田玉，沿河西走廊或北部大草原向东渐进到达中原地区。杨伯达先生曾指出：商、西周时期，我国的玉器由原始社会的石器时代进入了以和田玉为主体的时期。河南安阳发掘的殷墟玉器就有上千件，其中最著名的是安阳殷墟妇好墓中出土的755件玉器，经鉴定，玉材大多为和田玉。在《穆天子传》中，更有许多关于和田玉的珍贵记录，如周穆王登昆仑山赞许它是“唯天下之良山，瑶玉之所在”。从新石器时代至商朝，先民们从昆仑北坡的和田一带向东西两翼延伸，把和田玉运送到遥远的地方。就这样，由近到远，不断向东方和西方延长伸展，终于开拓出了一条最早的和田玉运输线——“玉石之路”。

玉石之路在西周有了大致的路线。1700多年前的西晋时期，在河南汲县战国墓中出土了一批古简，其中整理出一篇《穆天子传》，记载了近3000年前的周穆王驾八骏马车西巡游猎之事，这也是最早关于和田玉由西域进入中原的文字记载。穆王命御者造父驾着八骏西去遨游，穿天山，登昆仑，见到了西王母，在瑶池受到了盛情款待，举觞歌诗，流连忘返。来回行程3.5万里，历时543日。周穆王从中原洛邑出发，向北走穿过太行山，经过河套平原，后来向西经过今天的甘肃、青海和新疆，最后到达昆仑山西麓。书中记载周穆王所走的基本就是当时从新疆到中原地区玉石运输的路线。

后来经过许多年的发展，在汉代通西域后，和田玉大量地涌入中原，玉石之路也形成了两条比较固定的路线。

第一条是从产和田玉子料的玉龙喀什河和喀拉喀什河出发，向东经过民丰、且末、若羌，北上楼兰古城，过了罗布泊，沿着疏勒河到达老玉门（阳关附近）；第二条同样从玉龙喀什河和喀拉喀什河出发，前半段路程一致，到楼兰后向东经过绿庄咸泉，再北上迪坎，最后到达高昌（即今天的吐鲁番），到达高昌后向东走到哈密，经过骆驼圈子、滴水和鸭子泉后，最终抵达现在的玉门。

玉石之路延续6000年，一直到清代，这几千年的历史里，由于和田玉的东输，一些重镇也在天山附近发展起来。除了耳熟能详的玉门关，现在的玛纳斯县即清代的绥来也是重要的驿站通道。

玉门关，每一个来到玉门关的人都会吟诵一首古诗："黄河远上白云间，一片孤城万仞山。羌笛何须怨杨柳，春风不度玉门关。"玉门关是目前敦煌地区最古老的一座城池。它是开拓西域的前沿堡垒，又是丝绸之路通商口岸，负责征税、缉私、保护商旅的安全。有专家考证，玉门关是新疆和田玉料进入中原地区的第一个关口，它的位置在敦煌以西，汉代的时候，朝廷派兵驻守，并正式定名为玉门关。

乌鲁木齐，1884年清朝政府在新疆设省时乌鲁木齐被"钦定"为省会，起名"迪化"。1954年2月1日才恢复"乌鲁木齐"市名。乌鲁木齐周边地区自古就设立了重镇，从663年开始，唐朝政府派军至乌鲁木齐河畔屯垦。702年，在庭州设北庭都护府，轮台驻军增加。据《新唐书·吐蕃传》记载："轮台、伊吾屯田，禾菽相望。"771年，唐朝政府又在轮台设置"静塞军"，驻守这一战略要地。乌鲁木齐大规模开发始于清代乾隆二十年乌鲁木齐筑土驻军。清政府鼓励屯垦，减轻粮赋，乌鲁木齐农业、商业、手工业一度有较快的发展，成为"繁华富庶，甲于关外"的地方。为适应人口增长、屯垦及商业贸易的需要，清军先于乾隆二十三年在今南门外修筑一座土城，城"周一里五分，高一丈二尺"，此为乌鲁木齐城池的雏形；之后至乾隆二十八年，又将旧土城向北扩展，达到周长五里四分。竣工时，乾隆命名曰"迪化"。

绥来，清乾隆四十四年置，属迪化州。清史记载："绥来县在迪化州西北三百八十里，东至图古里克接昌吉县界，西至安济哈雅接库尔喀喇乌苏界，南至天山接伊犁东路界，北至苇湖接塔尔巴噶台界。汉乌孙国地，后汉移支国地，三国乌孙国地，魏高车固地，周突厥地，隋为西突厥铁勒地，唐为西突厥处密部，后内属为盐泊都督府、北庭都护府，宋元为回鹘地，明属卫拉特。本朝初为准噶尔呼拉玛部游牧地纳木奇之昂吉，乾隆二十八年入版图后，建绥来堡；四十二年建绥宁康吉二城；四十四年设绥来县迪化州治所。"[1]绥来即今新疆玛纳斯县。光绪十二年属迪化府。民国初属新疆迪化道。1930年属迪化行政区，后直属新疆省。1953年改名玛纳斯县。

---

1 《大清一统志》卷二百十四《史部·地理类·总志之属》，清乾隆刻本。

北京，中华民族发源地之一。北京地区出现城市开始于3000多年前的周朝。13世纪晚期元朝统一全国后，定都北京，改名大都。这样，北京又成为统一的多民族的全国政治中心。明朝，明成祖朱棣迁都北京后，自此北京成了封建王朝最后一个首都。清朝平定新疆后，由于统治者乾隆皇帝的喜爱，玛纳斯碧玉和和田玉开始源源不断地运往京城，北京也就成了贡玉进京之路的终点。

二、玛纳斯碧玉进京路

玛纳斯碧玉的进京路线在一份奏折里有体现，乾隆五十五年六月二十八日，乌鲁木齐都统尚安向乾隆皇帝奏报，近一年以来查禁所获得的玛纳斯碧玉的情况："奴才尚安跪奏为续经查获绿玉，恭折奏闻事。查玛纳斯绿玉自上年四月钦奉谕旨查禁后，旋据兵民人等首出及镇迪道凤翔于查山之便顺采子玉、礤玉，俱经奴才奏明，饬交便员送京在案。……自系从前金夫所藏，尽行移出，共有八十八块。又，自本年二月起至五月止，据各属陆续禀报，有商民等于奉禁之前，或系外出贸易，或实因患病，于限内未及呈缴，陆续自首者，共交出绿玉二十三块，……所有委员收采及自首绿玉大小共计一百一十五块，奴才率同司员与镇迪道、迪化州细加查看，择其色质光润子玉九块、礤玉八块，共重一千四百五十八斤，稍润子玉十六块、礤玉二十三块共重二千八百一十七斤，应俟便员分起陆续送京。其余粗黯之绿石计五十九块共重二千七百二十八斤，似未便一体送京。”[1]

大体意思是，尚安本次一共获得4275斤玛纳斯碧玉，这些碧玉有的是官方机构在勘察玉矿或定期巡查时顺便带回来的，有的是发布查禁令后由挖金人和商民自行交出来的，还有的是查获商民偷采或私贩的。这批玉石需要运到北京，数量很大也很重，而且因为路途遥远，所以不能一次运完。

之后尚安又奏："并请移咨陕甘、直隶总督部堂，陕西、山西、河南巡抚部院，本处提督大人、哈密大人、巴里坤总镇查照转饬沿途一体接替护送。应付暨咨明兵部查照，俟该员等事竣，仍拨给马匹，饬令旋回。并札行镇迪道转饬苫盖严密，勿得稍有疏虞等情，为此咨呈军机处，请烦查照转饬，查收施行。”[2]从这段尚安的咨文，我们可以大致推断出玛纳斯碧玉在出了新疆后，会经过甘肃、陕西、山西、河南等境内，所以需要沿途省份的巡抚接应护送。

那么碧玉从玛纳斯到甘肃境内，是走的什么路线呢？从陕甘总督勒保关于此次玉石运送费用的咨文可以找到答案："准陕甘总督勒保咨称，查前经奏明，收采及首出玛纳斯绿玉共重四千二百七十五斤，便员解京等因。除乾隆五十五年八月内委员解京绿玉一千四百五十八斤外，其现存未解绿玉，兹有赴京引见之乌鲁木齐满营佐领额尔京额，应即将绿玉委员解京，计三十九

1　参见中国第一历史档案馆藏《乌鲁木齐都统尚安为派员将乌鲁木齐所得绿玉送京城事咨呈》，《军机处全宗》，03-0194-3366-012号。

2　参见中国第一历史档案馆藏《乌鲁木齐都统尚安为派员将乌鲁木齐所得绿玉送京城事咨呈》，《军机处全宗》，03-0194-3366-012号。

块，连皮共重三千三百八十五斤。按五百二十斤合车一辆，共合车六辆五分。每车每百里口外给脚价银一两二钱，口内给脚价银四钱五分。自迪化州至嘉峪关计程二千九百六十五里，应支脚价银二百三十一两二钱七分。又自嘉峪关至肃州，计程七十里，应支脚价银二两四分七厘。共应支银二百三十三两三钱一分七厘。又包裹前项绿玉三十九包，需用牛皮一十九张半，每张价银一两五钱九分五厘，共用银三十一两一钱二厘。用缝牛皮包裹弓弦五十六根，每根银二分五厘，共用银一两四钱。以上通共支银二百六十五两八钱一分九厘。在于储库经费银内动支，雇觅商车、采买牛皮等项，包裹严密，于本年八月初十日装载押送前往讫。所有动支过银两并起程日期，除咨户部、工部外，相应咨达等因前来，相应移咨军机处查照可也。”[1]因此，玛纳斯走的路线是从迪化到嘉峪关，再到肃州。

综上，玛纳斯碧玉进京路线大体是：玛纳斯——乌鲁木齐——嘉峪关——肃州（酒泉）——陕西——山西——河南——（河北）——北京

玛纳斯所出碧玉，必先运送至迪化州也就是乌鲁木齐进行汇总，然后一同押解到京师。

乌鲁木齐到嘉峪关。乾隆四十三年九月十九日，乾隆谕令“因思甘肃嘉峪关及陕西之潼关，均系大路总汇之区，各商进口必由该关行走”。此外和田的贡玉运往北京也是经过嘉峪关，可

1　参见中国第一历史档案馆藏《兵部为抄陕甘总督运送玛纳斯绿玉所需费用单事咨文》，《军机处全宗》，03-0194-3373-043号。

见甘肃嘉峪关是玉石输往内地道路上很重要的一个关卡。

嘉峪关到肃州。肃州就是现在的甘肃省酒泉市，位于河西走廊西端，历来是亚欧大陆东西往来的要冲，古丝绸之路的必经之地，是古丝绸之路上重要的历史文化名城。

同样是勒保关于此次玉石运送费用的咨文，“按五百二十斤合车一辆，共合车六辆五分”。我们可以看出玛纳斯碧玉进京的运输方式是用车运输，运力应为马车，560斤一辆车，一共6辆车，并且价格不菲，从乌鲁木齐到肃州运输费就花费了233两左右。

根据“又包裹前项绿玉三十九包，需用牛皮一十九张半，每张价银一两五钱九分五厘，共用银三十一两一钱二厘”，碧玉的包装方式是使用牛皮包裹，跟贡玉的运输包装是类似的，贡玉也是用皮革和毡包包装，这在乾隆皇帝的御制诗中有体现：“小者毡包大辇送”；“产玉岁贡春秋易，更番释递盛以革”。

三、玛纳斯碧玉到京后的处理

造办处史料记载，一般新疆的玉石到北京后，会经过军机处、奏事处等验看，再交由广储司库存储或造办处制作器物。

军机处众人皆知，因此这里重点说一下奏事处。奏事处是清代呈递奏折、传宣谕旨的机关，其设立年月不可考，故宫方面研究认为，很可能是雍正时由奏事官扩大组织起来的。奏事处在宣统三年四月撤销。奏事处由御前大臣兼管，其下有奏事太监、奏事官，分为内奏事处、外奏事处，有官员约30多人。奏事处的职责主要有5项：接收奏折题本、传宣谕旨、办值日班次、递“膳牌”、递如意及贡物。显然，碧玉到京后由奏事处验看与它负责递交贡物的职责是相关的。

广储司是清代内务府的下属机构，是内务府中掌管财务出纳和库藏的机构。具体的职能是：掌管各皇庄所交赋税，各处所进珍宝、绸缎、毛皮、参、茶等。各地官员纳贡都要上缴广储司库。玉石查验通过后，暂时用不上的玉石就会收到广储司里，到需要用到时再拿出来。活计档里记载：“雍正七年六月初八日，太监张玉柱王常贵交来珊瑚数珠一串（116个11两4钱）、珊瑚数珠一串（125个9两9钱）、琥珀数珠一串（55个13两3钱），传旨有用处用无用处交广储司钦此。”[1]另外，广储司在内务府中地位也是最高的，因为它掌管着皇室的经济。广储司下设六库（即银库、皮库、缎库、瓷库、衣库、茶库），负责收领、保管和提供皇帝所需银两、珠宝首饰、皮毛缎疋、衣帽靴袜、人参茶叶、犀角象牙等。

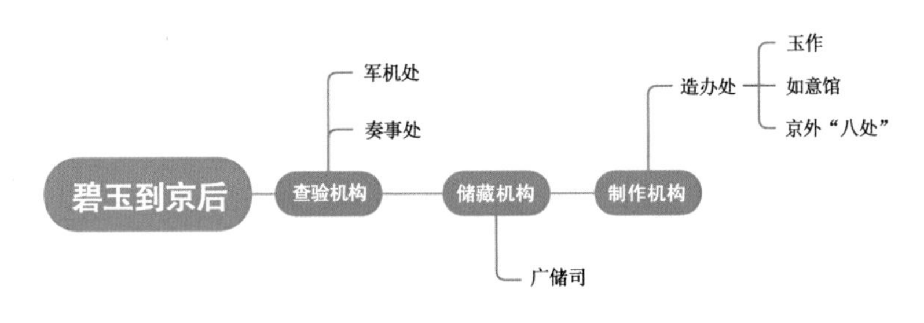

碧玉到京后流程图

1　香港中文大学文物馆、中国第一历史档案馆合编《清宫内务府造办处档案总汇》卷4，人民出版社，2007，第48页。

如果宫廷里需要马上用到玉石，那么到京的玉石一般会直接交给造办处进行制作。造办处是清代制造皇家御用品的专门机构，《清史稿》记载："养心殿造办处掌制造器用。"清代造办处成立于康熙年间，隶属于内务府，作为清代管理一应宫廷大小事务的行政机构，造办处是一个极其庞大的组织，也是清朝独有的官僚机构，下设七司三院，职官最多时多达3000人，是清朝人数规模最大的行政机关。造办处的出现，可见于《大清会典事例》1173卷载："初制，养心殿设造办处，管理大臣无定额，设监造四人，笔帖式一人。康熙二十九年增设笔帖式一人。康熙三十年奉旨：东暖阁裱作移在南裱房，满洲弓箭亦留在内。其余别项匠作俱移出，在慈宁宫茶饭房做造办处。"

造办处下设几十个作坊，其中专门制作玉器的是玉作，玉作作为宫廷治玉机构，代表着清代治玉的最高水平。"玉作"一词出现在雍正元年造办处活计当中，说明其最晚不晚于雍正元年成立。到了乾隆一朝，乾隆帝在乾隆二十年三月将镀金作、玉作、螺丝作、錾花作、镶嵌作、牙作、砚作并为一作，称为"金玉作"。

玉作在康熙和雍正时期，受限于玉料的匮乏，其主要任务是对宫廷旧藏的玉器做一些修补、清理和改制，做玉的数量比较少。"（雍正八年）二月十七日，本月十五日郎中海望持出：白玉一统万年罇一件（随紫云木座），奉旨：此罇上口有黄色代霞处或砣去或去矮些，身上细藤萝做法不甚好，或砣去，或应如何收拾处尔等同好手玉匠商量收拾，做一笔筒用。钦此。”[1]

到了乾隆时期，因为统治者的喜爱，玉器制作的数量逐渐增加，玉作难以胜任，就在如意馆开始制作玉器。如意馆原是宫中画师作画之处，郎世宁、艾启蒙等西洋画家都曾供职在如意馆。如意馆设画工，多为苏州人。所画有卷、轴、册页、贴落等，并设玉匠、刻字匠等。其中玉匠和刻字匠主要是为玉器制作服务的，大名鼎鼎的姚宗仁就在如意馆工作了20年。乾隆早中期，如意馆逐渐成为宫廷玉器制作的主要场所。但是到了乾隆平定新疆后，建立贡玉制度，玉料开始源源不断地送到北京，如意馆里积压的活计也越来越多，于是乾隆开始下旨命京外的“八处”制玉机构承做。

京外八处是苏州、扬州、天津、杭州、九江、江宁、淮安和凤阳这八处制玉机构，在清宫档案里，它们一般被称为苏州织造、两淮盐政、长芦盐政、杭州织造、九江关提督、江宁织造、淮关监督、凤阳关监督，统称京外八处。原本这八处机构并没有制作玉器的职责，但是乾隆皇帝爱玉，而且普遍南方地区的治玉工艺好，所以才有了京外八处。

而京外八处中尤以苏作和扬作最为出名。苏作所指的就是苏州雕工的玉器，是南方工艺的代表，许多人爱称之为“南工”。苏州善雕琢中小件玉器，以“小、巧、灵、精”为特点。“巧”是构思奇巧，特别是巧色巧雕，令人拍案叫绝；“灵”是灵气，作

1　香港中文大学文物馆、中国第一历史档案馆合编《清宫内务府造办处档案总汇》卷4，人民出版社，2007，第312页。

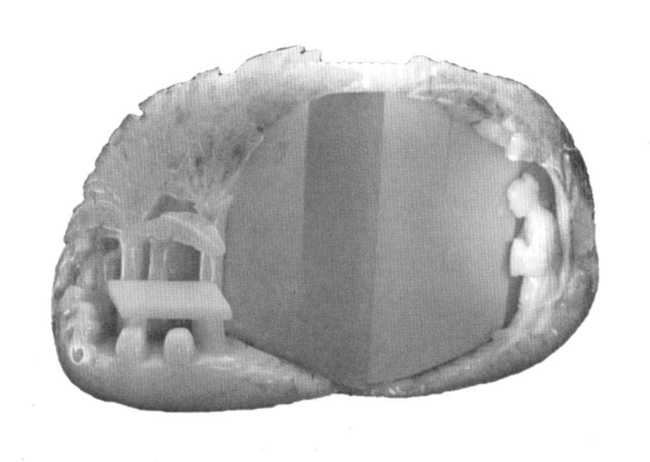

宫廷玉作代表《桐荫仕女图》

者有灵气，作品有灵魂；“精”是一刀一琢皆精致细到。其代表作品是清乾隆桐荫仕女玉山，其所用玉料实际是雕碗后的弃物，但玉工巧为施艺，将剩料加以利用，取其自然之形和自然之色，成就了一个国宝级的玉雕作品，乾隆皇帝非常喜欢，还专门作了一文一诗刻在玉山上，文是：“和阗贡玉，规其中作碗，吴工就余材琢成是图。既无弃物，且仍完璞玉。御识。”说明这件玉器就是苏州工匠制作的。

明清时期，苏州的玉雕达到前所未有的规模及高度，堪称行业翘楚，也出现了陆子冈等名家。不仅如此，很多宫廷玉匠都是出身苏州，如都志通、姚宗仁，“清宫造办处玉作名匠均是出身苏州专诸巷玉工世家”[1]。专诸巷是苏州城区西北部的一条街巷。在明清时期发展成专诸巷玉雕行业集中之地，聚集大量优秀的玉雕工匠，也推动了明清玉雕工艺的发展。乾隆皇帝对专诸巷玉匠赞赏有加，常写诗曰“专诸巷中多妙手”“专诸巷益出妙手”等。

因此，在玉作和如意馆的玉器活计做不过来时，乾隆第一时间想到了苏州。从乾隆二年开始，苏州织造几乎每年都会接到数量不等的玉器活计，涵盖了礼仪器、佛教用器、陈设、文玩、日用、佩饰、仿古等几乎所有类别，我们也很容易在造办处活计档中看到发交苏州承做玉器的记录。“乾隆三十八年行文二月二十四日接得郎中李文照押帖，内开二月十二日太监胡世杰交青白玉灯挺一件，传旨着交如意馆挑玉配做灯盘一件，再挑玉画样配做一对，钦此。于二月十五日挑得青白玉回残一块，画得灯挺一件，挑得二等白玉石子一块，重三十六斤，画得菊花式灯盘纸样一张，随原交来灯挺一件，共成一对，交太监胡世杰呈览，奉旨：俱照样准做，着交苏州织造舒文处成做，钦此……于三十九年十二月初八日，员外郎四德、库掌五德将苏州送到玉灯挺一件，灯盘二件，随做样灯挺一件，持进交太监胡世杰呈览，奉旨：交养心殿，钦此。”[2]

与苏州的小而精不同，清代的扬州玉器可以说是诸品齐备，

1　杨伯达：《仿古玉》，《文物》，1984年第4期。

2　香港中文大学文物馆、中国第一历史档案馆合编《清宫内务府造办处档案总汇》卷36，人民出版社，2007，第109页。

大、中、小件，人物、动物、花鸟等样样俱全。但扬州玉器尤以承制清廷大型玉器而闻名于世。杨伯达说：“碾琢大型玉山是清代中晚期扬州玉业最擅长的‘绝活’，当时处于全国领先地位……特别是乾隆四十一年兴起的加工数千斤重乃至万斤重的大型玉器全部下派至两淮盐政。”[1]这其中，著名的《大禹治水图》《秋山行旅图》《会昌九老图》《丹台春晓》《云龙玉瓮》《海马》等，现今故宫藏的6件重达千万斤的大型玉器，都出自扬州玉匠之手，这在清宫造办处档案中均有明确记载。

以大禹治水玉山为例，其场面之宏大，人物之众多，山林之重叠，工程之浩大，工艺之复杂，令人叹为观止，毫不夸张地说，在当时，也只有扬州玉工能做出这等“绝活”！玉山的玉料产自我国新疆和田密勒塔山，超过万斤，关于它的运输，黎谦作有一首诗《瓮玉行》序曰：“于阗贡大三，大者重二万三千余斤，小者亦数千斤，役人畜挽拽以千计。至哈密有期矣。”[2]仅在路上就走了3年多时间，前后动用100多匹马拉车，后有上千名人役把扶推移，一路上逢山开路，遇水架桥，冬季则泼水结成冰道，每天只能走五六里或七八里，运输过程非常缓慢。

大禹治水玉山由当时两淮盐政所辖的扬州工匠雕凿制成。大块玉料从新疆和田密勒塔山运到北京后，乾隆皇帝钦定用内府藏宋人《大禹治水图》画轴为稿本，由清宫造办处画出大禹治水纸

1　茅竹华：《清代扬州玉雕艺术鉴藏》，《扬州晚报》2014年7月22日。

2　沈从文：《玉的出产》，载《沈从文全集》第28卷，北岳文艺出版社，2002，第10页。

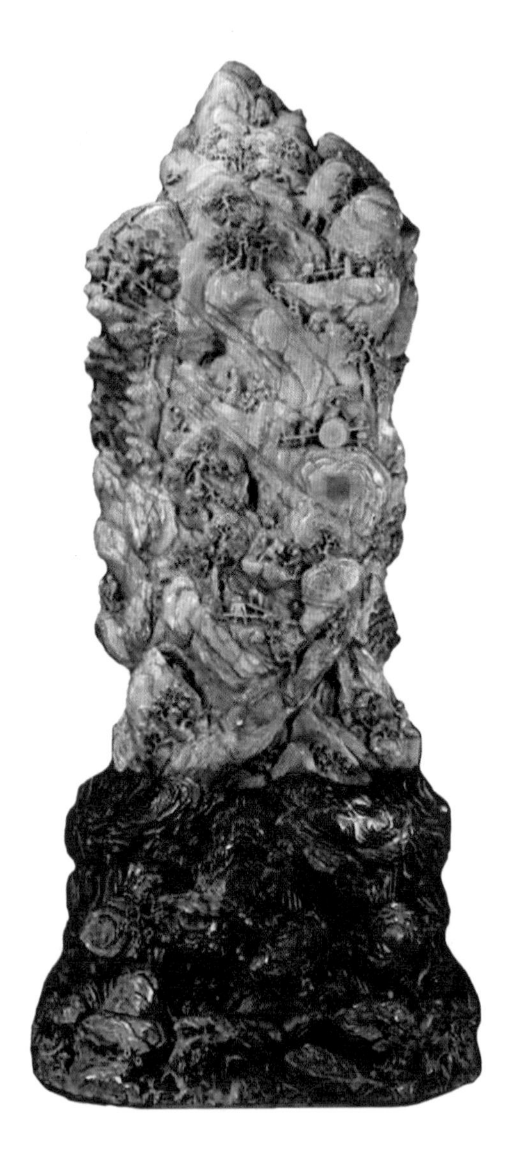

清乾隆时期《大禹治水玉山》(故宫博物院藏)

样，由画匠贾铨在大玉上临画，再做成木样发往扬州雕刻。“巡视两淮盐政、内务府员外郎兼佐领加三级革职暂行留任徵，为移会事，乾隆四十六年闰五月初七日，准贵处移会，内开乾隆四十六年二月初十日，将九千斤大玉一块，画得大禹开山图纸样，正背左右四张，具奏。奉旨：九千斤大玉准做《大禹开山图》样式，将内里收贮《大禹开山图》发交舒，著贾铨照图式样在大玉上临画，准时发往扬州，交图明阿成做。钦此。”[1]

玉料在乾隆四十六年发往扬州，到乾隆五十二年玉山雕成，共用6年时间。“……乾隆四十六年二月廿七日（1781年3月27日），将拨得《大禹开山图》玉山蜡样，随纸画样四张呈览。奉旨：准交两淮盐政图明阿照此蜡样做法，纸样大小成做。其座子照玉形配做铸料铜座。其大玉上所画钻心，照依大小并照纸样所贴深浅尺寸数目打取钻心，俟打得时，即送京呈览。钦此。”[2]乾隆五十二年四月（1787年6月4日）记事录：“十九日，太监鄂鲁里传旨：‘两淮成做《大禹开山》，业经奏过做得，至今未见送到。着舒文向伊家人问明回奏。’钦此。于二十日奴才舒文谨奏，为遵旨传问，据两淮盐政徵瑞坐京家人周祥声称，《大禹开山》陈设一件已经做得，现在光亮，于六月内始能下船，由水路运送解交，约于八

1　香港中文大学文物馆、中国第一历史档案馆合编《清宫内务府造办处档案总汇》卷50，人民出版社，2007，第22页。

2　香港中文大学文物馆、中国第一历史档案馆合编《清宫内务府造办处档案总汇》卷50，人民出版社，2007，第40页。

月间方可到京。”[1]等语。

根据档案，我们知道了大禹治水玉山制作了6年，用工15万个。而其他几件玉山也是工时用工不菲，秋山行旅图玉山制作了5年，用工3万多个；碧玉云龙大玉瓮制作了6年，用工1.4万个；丹台春晓图玉山则制作了4年。由此可见，清代扬作制玉的技巧和水平之高，生产规模和作业能力之大，能工巧匠之多，实是前所未有的。

1　香港中文大学文物馆、中国第一历史档案馆合编《清宫内务府造办处档案总汇》卷50，人民出版社，2007，第52页。

第三章 “玉痴”乾隆与玛纳斯碧玉的故事

第一节 乾隆玉缘

要说中国历史上最热爱收藏和最有能力收藏尽天下奇珍异宝的人，非乾隆皇帝莫属。乾隆皇帝堪称一个狂热的古今艺术品收藏家，毕其一生所搜集的稀世珍品数量之巨，举世无双。同时，乾隆也是收藏玉器最多的皇帝。故宫现藏玉器两万多件，其中大多数为乾隆时期所收入。

古代大型玉器中很少使用碧玉原料，一是由于碧玉产量过低，另一方面则由于新疆碧玉规模开采时间较晚且较为短暂，因此我们今天看到的古代玉器中，碧玉作品非常稀少罕见。但乾隆皇帝时期，碧玉晋升为皇家御用的玉石材料后，碧玉作品大量出现。

“清代宫廷玉器的制造取得了巨大的成就，各色玉料得到了充分的使用，尤其是碧玉作品，数量大，制造精，许多较大型的宫廷陈设品、日用品都是用碧玉制造的，所用材料除和阗产碧玉外，尚有产自其他地区的碧玉，其中不乏玛纳斯产碧玉。”[1]玛纳斯碧玉是乾隆时期宫廷玉器制作最为重要的原材料之一，器物种类非常丰富，包括礼乐器（磬、香筒、角端等）、陈设器（花插、文房、插屏、山子等）、仿古器（璧、觚、尊、斧等）以及实用器（盘、碗等）。值得注意的是，玛纳斯玉料很大一部分被用来制作宝玺和玉册。

一、乾隆与碧玉特磬

特磬是清代宫廷雅乐中的重要乐器，质地多为碧玉。磬体为钝角矩形，长边称鼓，短边称股。整套特磬12枚，均在重要典礼中演奏使用。特磬是皇帝祭天地、祭祖、祭孔时演奏的乐器。

清代特磬的制造，起因缘于镈钟。乾隆二十四年，因为江西有镈钟出土，与历时5年的西北战事的胜利，原本独立的两件事被联系起来，加之乾隆帝对古钟的鉴定，使得镈钟的制造充满了神秘、吉祥的气氛。镈钟与特磬，历代乐志均有记载，唯明代空缺。现镈钟已有，特磬也应具备，正为“金声必兼玉振”。因此，随着镈钟的产生，特磬之制也在乾隆二十六年诏定。

最初所造的特磬，因为时间很急，仍然采用灵璧石料，并由产地限期运往京师乐部。清代首用特磬应始于乾隆二十六年冬

---

1 故宫博物院、新疆维吾尔自治区玛纳斯县人民政府编《故宫博物院藏清代碧玉器与玛纳斯》，故宫出版社，2014，第19页。

至圜丘大典。之后随着新疆玉石的不断进贡，特磬改用碧玉为原料。

北京故宫博物院藏有完整一套12件特磬，其余都散落在各地，如上海博物馆所藏的“第五姑洗”特磬，中国国家博物馆藏“第六仲吕”特磬。目前已知美国一些博物馆也有收藏，按铭文顺序有：芝加哥艺术馆“第三太簇”特磬、诺顿美术馆“第八林钟”特磬、罗德岛设计学院艺术博物馆“第十南吕”特磬、旧金山亚洲艺术博物馆“第十一无射”特磬。这些特磬都是碧玉质，大小薄厚不一，皆两面预留铭文空间，余饰描金云龙纹，均作行、升龙，昂首曲颈、弯腰卷尾，如出一辙，这种造型应是乾隆时期玉器龙纹的标准样式。整器纹饰华丽精致，足显皇室风范，这些特磬所篆书的铭文，除名字不同，行款、内容均相同。两面均有镌刻金字篆文铭文，铭文左右均饰以描金云龙纹，如“第五姑洗”特磬御制铭释文：

“子舆有言，金声玉振，一簴无双，九成递进。准今酌古，既制镈钟，磬不可阙，条理始终。和阗我疆，玉山是矗，依度采取，以命磬叔。审音协律，咸备中和，泗滨同拊，其质则过。图经所传，浮岳泾水，谁诚见之，鸣球允此。法天则地，股二鼓三，依我绎如，兽舞鸾鬖。考乐惟时，乾禧祖德，翼翼绳承，抚是万国。益凛保泰，敢或伐功，敬识岁吉，辛巳乾隆。乾隆御制。”

在背面镌本律磬名及制成时间，金字篆文：“特磬第五姑洗。大清乾隆二十有六年，岁在辛巳，冬十一月乙未朔，越九日癸卯琢成。”

二、乾隆与碧玉玺印

玉玺，在明、清两代，皇帝对其十分重视，具体分为官章和闲章。官章主要为皇帝之用，而闲章的用途则是非常广泛的，处理政事之余，把玩品味，不失为一种高雅的享受。清代乾隆更把“闲章”功能发挥到极致，是个十足的玺印“发烧友”，据《乾隆宝薮》(以下称《宝薮》)及现藏实物粗略估计，乾隆一生共刻宝玺1800多方，比清代其他皇帝玺印的总和还多，光书画印玺就多达500多方。

就其质地而言，可分为玉料玺、石料玺、木料玺及杂料玺，主要包括青玉、白玉、黄玉、碧玉、墨玉、青田石、寿山石、昌化石、冻石、青金石、玛瑙、水晶、珊瑚、檀香木、竹根、象牙、犀角、金、银、铜，等等。其中玉石类和印章石占据了主导地位。乾隆平定新疆后，玉质玺印的制作明显增加，这是由于大量来自新疆的玉料充贡内廷，宫廷御用玉器的制作量大增，玉器雕刻工艺迅猛发展，为玉质宝玺的大量制作提供了物质和技术保证。玉石类玺印材质包括碧玉、青白玉、白玉、青玉、墨玉、汉玉等。其中以碧玉和白玉居多，碧玉大多做主宝。

乾隆皇帝偏爱用玉做玺来记录他的重要生日和重要事件。逢年过节、生日纪念日，都要刻制宝玺做纪念，例如其年过70，便镌“古稀天子之宝”；年过80，命人刻“八徵耄念之宝”；在位60年，成为清代历史上唯一的太上皇，便又刻“太上皇帝之宝”；为纪念其在位期间10次远征边疆的重大胜利，特镌“十全老人之

愧乎然老人之十
有奢望不敢必以
天佑者十全之武
天佑矣則十全之
或亦可以希
天佑乎夫適百里
十里乎今三年歸
人不啻半九十而
十年之久矣是以
而繁猶日孜孜以

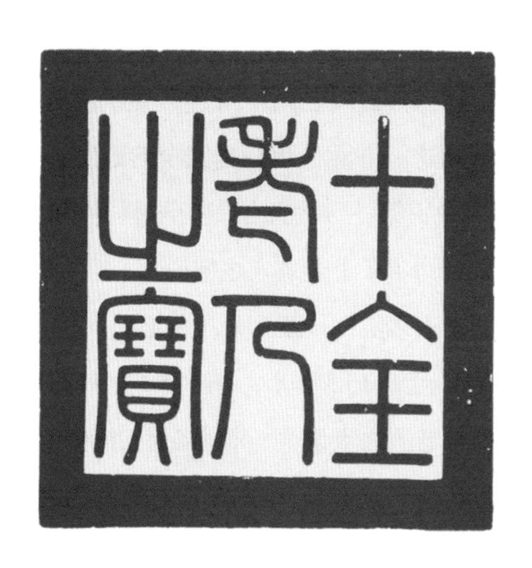
十全老人之寶

清乾隆“十全老人之宝”玺

宝”等。

值得一提的是，这些宝玺在他去世之前不断地被复制，数量很多，甚至同一玺文更有刻制几十方之多，因此，重复品较多成为乾隆宝玺的又一大特点。根据《宝薮》的统计，“古稀天子”和“古稀天子之宝”42方，“八徵耄念”和“八徵耄念之宝”63方，“自强不息”45方，“十全老人”和“十全老人之宝”13方，“太上皇帝”和“太上皇帝之宝”20方，“乾隆宸翰”22方，“三希堂”13方等。

这里简单说一下乾隆的“十全老人之宝”。乾隆皇帝曾自我总结一生有“十全武功”，自诩“十全老人”。“十全”最早指乾隆在位期间取得的10次远征边疆的重大胜利，有两次平定准噶尔之役，平定大小和卓之乱，两次金川之役，镇压台湾林爽文起义，缅甸之役，安南之役及两次抗击廓尔喀之役。后来乾隆特意撰写《十全记》对此进行解说并赋予了“十全”更新的含义，认为“十全”不仅仅指武功这一方面，也是指完全的人生。生活中他五世同堂，堪称古今帝王第一。为此他专门刻制了“十全老人之宝”的玉玺，还特别撰写了《十全老人之宝说》。

这件“十全老人之宝”，碧玉质，交龙纽方形玺，汉文篆书。面12.8厘米见方，通高15.3厘米，纽高5.4厘米。四周阴刻填金乾隆帝御制《十全老人之宝说》。讲到宝玺的制作及其缘由：

“十全记既成，因选和田玉镌‘十全老人之宝’并为说曰：十全本以纪武功，而‘十全老人之宝’则不啻此也。何言之？武功不过为君之一事，幸赖天佑，劼劬蒇局，未加一赋而赋乃蠲四；

弗劳一民而民收无万。祇或免穷黩之讥耳。若夫老人之十全，则尚未全也。盖人君之职，岂止武功一事哉？朱子曰：一日立乎其位，则一日业乎其官，一日不得乎其官，则一日不敢立乎其位。官者何？职之谓也。君子职不能尽言，况敢云尽其职乎？未尽其职，则‘十全老人之宝’，不亦涉自欺与夸而增惭愧乎？然老人之十全，实更有奢望，不敢必以敬持天佑者。十全之武功，诚叨天佑矣。则十全之尽君职，或亦可以希天佑乎？夫适百里者半九十里，予今三年归政之全人，不啻半九十，而且如三十年之久矣。是以逮七十而系‘犹日孜孜’以为箴，至八十而系‘自强不息’以为勉，则此可必可不必。三年中敢不益励宵衣旰食之勤，益切敬天爱民之念，虔俟昊贶，或允臻十全之境，祖三年诚如三十年之远。幸何如之，企何如之，惕何如之。”

第二节　乾隆玉工

乾隆皇帝登基后，非常重视玉器的收藏与研究，乾隆时期碧玉制作的作品不在少数，具有品种齐全、用料讲究、设计巧妙、工艺精湛的特点。在制造和使用玉器方面，乾隆不仅亲自参与了部分玉器的设计，还对玉器的使用做出了严格的规定，对中国玉器的发展起到了至关重要的作用。

众所周知，元人制造了闻名于世的渎山大玉海，这是玉器发展史上的壮举，它既是中国现存最大的玉制酒器，也是元代流传后世的唯一一件大型玉雕作品。乾隆皇帝在读了《辍耕录》及《金鳌退食笔记》后，非常震惊这件大玉海竟然被道士作为腌菜缸使用，在乾隆十年命令内务府拨银十万两买回了玉瓮。但他没有同时移回底座，而是另刻汉白玉底座改置玉瓮，一同放在北海团城（现在的北海公园）承光殿前。乾隆帝还为这件国宝亲笔题写了三首诗，命人镌刻在玉器的腹壁上。

新疆平定后，玉石西来之路贯通，乾隆皇帝知和田产大玉，欲造大瓮，与元代比高低。清宫档案内也有乾隆皇帝取新疆玉制玉瓮的记载。故宫旧藏玉瓮中有一件是碧玉云龙瓮，经故宫博物院研究员郭福祥考据，有从玛纳斯发现原料、运输到京、宫廷设计制作、现存实物等整个过程的史料记录。

乾隆五十五年二月的造办处活计档行文记载："初二日，广储司交来乌鲁木齐尚安处差官送到：绿玉子一块，长四尺余，约重一千二百余斤，奉旨：着舒文料估，画样呈览，钦此。随经总管内务府大臣舒文将玉子一块，料估画得云龙瓮纸样一张，膛内画得打钻墨道、香山九老山石陈设纸样一张、大汉瓶纸样一张，呈览，奉旨：照样准做云龙瓮一件，发交两淮成做，膛内打三大钻，余者俱打小钻，四边扎下角头回残，俱先送来呈览，钦此。"[1]

造办处档案中的"绿玉"即碧玉。根据乾隆皇帝的旨意，这块重1200余斤，由乌鲁木齐都统尚安处解送的玉料，交由舒文根据玉料估计能制作一件云龙瓮，画样呈给乾隆皇帝看过后，把玉料交到两淮盐政制作。乾隆皇帝甚至下旨交代了制作云龙瓮时，

---

1 香港中文大学文物馆、中国第一历史档案馆合编《清宫内务府造办处档案总汇》第52册，人民出版社，2007，第43—44页。

掏膛要打3个大钻，其余地方都是打小钻，并且回残料也要处理。足见乾隆皇帝对玉器的制作加工工艺非常了解和对于玛纳斯碧玉玉料的珍惜。

10个月以后，也就是乾隆五十五年的十二月二十三日，“两淮送到成做玉云龙瓮内取出大小钻心十三个，共重一百一斤十二两，角头回残玉大小三十块，共重四百十四斤四两，呈进交启祥宫画样讫。”[1]做碧玉玉瓮剩下的余料重达400多斤，钻芯中100多斤，交给宫里玉作画样做其他玉器。

根据另一条活计档记载，宫里用这些余料制作了玉轴头。乾隆五十九年十二月二十一日，“两淮送到玉云龙瓮一件，呈进交宁寿宫讫”。从乾隆五十五年二月，该玉运至造办处料估到乾隆五十九年最后完成，整个过程耗时近五年，工程可谓浩大。幸运的是，这件碧玉云龙瓮现仍收藏于故宫博物院。根据郭福祥考证，该玉瓮呈椭圆形状，长75厘米，宽60厘米，通高27厘米，壁厚约20厘米，内膛光素，外身通体雕有九条龙，龙身盘曲，出没于云间。[2]整个云龙瓮玉质非常匀净，颜色统一，显然是去除原玉皮壳后用中心部分雕制而成。该云龙瓮可以作为宫廷玛纳斯碧玉器物研究的标准器。

1　香港中文大学文物馆、中国第一历史档案馆合编《清宫内务府造办处档案总汇》第52册，人民出版社，2007，第43—44页。

2　郭福祥：《乾隆宫廷玛纳斯碧玉研究》，载《丝绸之路与玉文化研究》，故宫出版社，2016，第146页。

第三节 乾隆玉诗

乾隆皇帝喜爱作诗，关于其一生作诗的数量，有学者统计为4.3万余首，也有人统计为4.1万余首，还有学者认为超过5万首，但无论具体是多少，数量都已很庞大。做个对比，清朝康熙年间编纂的《全唐诗》，总共才收录了4.89万首诗，而这些诗是2200多人花费数百年时间才写出来的。且不管乾隆诗作的水平怎样，至少可以说明他是写古代诗文最多的皇帝。乾隆御制诗中，与玉有关的御制诗达800首以上，仅现存的《御制谷璧诗册》就收录了他在乾隆辛巳年至庚戌年所作咏叹玉谷璧诗54首，此外还撰写了《搢圭说》《圭瑁说》等有关玉器方面的论述。

乾隆得到一件珍贵的玉器后，或题诗吟咏，或直抒胸臆，表达得到古玉的愉快心情，或是对古人制玉工艺的咏叹，或是对古玉用途的略加考证。对于乾隆当代所做的玉器，咏诗记叙其经过，以记传承有续。

除了宫廷造办，还有新疆当地所制作的玉器。故宫藏有两件比较特别的碧玉大盘，胎体厚重，器形硕大，其身光素无纹，玉盘的做工与清代宫廷所做的玉器迥然不同，具有浓厚的地方特色，应当为新疆地区回族玉工所琢制。一件是乾隆二十一年清军平阿睦尔撒纳叛乱战事中，在伊犁缴获并呈进内廷的战利品。乾隆帝对其非常喜爱，在乾隆二十二年命工匠在玉盘内镌御制诗："绿玉大盘径二尺，围盈六尺含精泽。葱岭之产葱其色，研光无瑕抚无迹。团规宝月三五魄，素质弗事雕几饰。弘璧琬琰谁则

清乾隆碧玉双龙戏珠纹龙耳带托杯（故宫博物院藏）

识，荒唐徒见传荆国。岁贡用征远人格，成器仍借他山石。汤之盘铭日新德，既宏博厚宥笋席，式如比义思无斁。”

另一件类似的大玉盘，是阿睦尔撒纳溃逃时未来得及带走的。它被埋匿于土里，后农民在耕地时发现。该玉盘上铁犁损伤的几处痕迹至今仍清晰可见。盘内底阴刻清乾隆帝御题诗一首：“玉盘博径得二尺，围六尺有五寸益。虚中盛水受一石，素质不雕其色碧。旁达孚尹琼华泽，葆光抚不留手迹。群玉之精出昆仑，吉日甲子天子宾。于西王母瑶池津，行觞介绍篚篋樽。尔时所御器今存，作镇西极永好完。未入震旦三千年，问今何来不胫偶。准噶尔亡沦世守，阿睦撒纳兹窃取。王师深入靖孽丑，于将获之联豫走。弃其重器为我有，元英大吕陈座右。咄哉玉盘徒华滋，不可食兮不可衣。连城价讵如穷奇，俘彼祸除可罢师。前歌后舞乐雍熙，瑰玩吾将安用之，拟付剿人一例椎。”末署“乾隆丁丑孟冬之望御题”。钤“乾”“隆”二方篆书印。

从乾隆帝御题的记事诗中可以看出，皇帝深知这两件大玉盘的历史价值，命玉匠琢刻御题诗在其上，以作为历史事件的见证。

第四章　清宫旧藏玛纳斯碧玉鉴赏

清宫玛纳斯碧玉制玉器是玛纳斯碧玉的直接证明，无论是文献记载，还是实物与原料的比对，清宫碧玉玉器对于玛纳斯碧玉的意义都是空前绝后的，也一举奠定了玛纳斯碧玉在中华玉文化史上“皇家血统”的地位。清宫玛纳斯碧玉玉器种类丰富多样，基本涵盖了清朝玉器的所有门类，本书根据清宫玛纳斯碧玉玉器的不同器型，从中遴选了部分精品，从历史文化、材质工艺等角度进行透视。

第一节　玺印

乾隆皇帝是个十足的玺印“发烧友”，一生共刻宝玺1800多方，根据故宫统计，乾隆的玺印比清代其他皇帝玺印的总和还多，那其他皇帝有多少呢？据考证，入关以前，太祖努尔哈赤有一方玺印，是明朝皇帝所赐的“满洲建州卫印”，而皇太极有两方满文金印。其他皇帝的数目大致是：顺治约20方、康熙约120方、雍正204方、嘉庆400多方、道光不到100方、咸丰30方、同治20多方、光绪70—80方、宣统约50方。

清代皇帝的玺印根据功能不同，大致可以分为几类：一是皇权的标志——国宝，即正式场合、规格严谨的25方宝玺，这是乾隆十三年以后重新排定的，清初是39方，这25方宝玺到晚清一直没有变，一直放在交泰殿里，不管是否继位，这25宝就是不会再变的皇帝的象征。二是皇帝的闲章，闲章也可以按玺印的名字分为为政类、个人心性类、纪念记事类、宫殿类以及鉴赏类等闲章。

为政类玺印一般反映的是皇帝个人的为政思想和对自己的训诫，例如康熙有一方“敬天勤民”印章，雍正有“朝乾夕惕”“兢兢业业”印章，这是他的实录，也是他的理想。到乾隆还是如此，“旰食宵衣”表现的就是夜以继日工作的情景。

个人心性类玺印一般是皇帝选取与个人的人生经历有密切关系的词句做出印章。比如雍正帝刻的最有名的印章是“为君难”，刻了十几方，那是他从自己的经历中获得的一种真实的感受。

纪念记事类玺印就是乾隆皇帝玺印的一大类。乾隆每次遇到国家大事或者整寿的时候，都要刻宝玺作为纪念，并且同样一个玺文印章会有几十方，比如“古稀天子之宝”“八徵耄念之宝”等。

宫殿类玺印比较特殊，一般和皇帝的活动范围有关系，顺治康熙的时候比较少，雍正的时候多了起来，但是大部分都在圆明园里面，也体现了雍正皇帝与圆明园的密切关系。乾隆的时候就更多了，三山五园，各个行宫，都有宫殿玺，可以看出他的活动范围相当大。

鉴赏类玺印，清代每个皇帝都有，皇宫里面每个时期都有重要艺术品的收藏。乾隆时最著名的两本艺术品著录是《石渠宝笈》和《秘殿珠林》，而为了其中著录的书画有所标示，也出现了一批与之相关的鉴藏玺，如“石渠宝笈”“秘殿珠林”等。

随着清朝的灭亡，一部分的玺印不知所终，但如今两岸故宫仍现存一批清代碧玉玺印。以下是部分清宫旧藏碧玉宝玺鉴赏。

一、太上皇帝之宝

太上皇帝之宝，碧玉材质，交龙纽，满汉文篆书，四周刻乾隆皇帝《自题太上皇帝之宝》御制诗，盛于雕云龙纹紫檀匣中。交龙钮为清代所特有，专供皇帝印章上使用，严禁王公贵族以及民间僭越仿制，为清代等级最高的一种帝王印钮形式。

此方玉玺由来是这样的：乾隆六十年九月初三日，85岁高龄的乾隆帝为了对他的爷爷康熙皇帝表示尊敬，终于觉得也是时候退休了，于是召集了诸多皇子皇孙和王公大臣，宣布立皇十五子嘉亲王颙琰为皇太子，明年归政。第二年新正乾隆帝亲自举行授受大典，并下诏：“皇太子于丙辰正月上日即皇帝位。朕亲御太和殿，躬授宝玺，可称朕为太上皇帝”。就这样，乾隆帝结束了长达60年之久的皇帝生涯，成为清代唯一也是中国历史上最后一位太上皇。但实际上，乾隆帝归政后，仍是住在养心殿训政，嘉庆

太上皇帝之宝 印面22.5厘米见方，通高15厘米，纽高7.3厘米。故宫博物院藏

皇帝则只能住皇子所居的毓庆宫。嘉庆的年号只对外使用，宫中仍是继续用乾隆年号，批阅奏折、任免官员等重要政务权力仍掌握于乾隆帝手中，这一点在清宫很多档案的纪年里都能证明。

后来，在乾隆帝的授意下，内府工匠用不同质地制作了多方太上皇帝之宝，此方玺便是其中之一。这方“太上皇帝之宝”是清宫帝后宝玺中最大的一方，也无疑体现了太上皇权力的至高无上。此宝制成后曾陈设于太上皇宫殿中的皇极殿御案上。其他的数方“太上皇帝之宝”，多作汉文篆书，用于乾隆皇帝的书画鉴赏活动。

二、古稀天子之宝

古稀天子之宝，碧玉材质，交龙纽，玺面为正方形，玉筋篆汉文。其印文是《古稀说》，笔道圆滑温厚，中间略带刚劲之感。玉色自然幽深。龙钮造型规整，雕刻精细，蛟龙神态庄重、威严，为乾隆时期宫廷玉玺常见之造型。该玉玺保存完整，包浆肥润，无一丝磕碰。

“古稀天子”中之“古稀”，出自唐代诗人杜甫诗《曲江二首》。据史书记载，在乾隆四十五年乾隆皇帝70大寿时，工部尚书彭元瑞作了一篇题为《古稀之九颂》的奏折，阿谀奉承乾隆，其中引用了唐代大诗人杜甫“人生七十古来稀”的诗句，赞颂乾隆皇帝为“古稀天子”。乾隆帝十分欣赏，于是，他自己撰写了一篇《古稀说》，全文共653字：“余以今年登七秩，因用杜甫句刻‘古稀

古稀天子之宝 印面12.9厘米见方，通高10.8厘米，纽高5.2厘米。故宫博物院藏

天子之宝’，其次章即继之曰‘犹日孜孜’，盖予宿至有早，至八旬在即归政而颐至于宁寿宫。其未归政以前，不敢弛干畅。……即所谓得古稀之六帝，元、明二祖，为创业之君，礼乐政刑有未遑焉……”

《古稀说》大意是说，历数了夏、商、周三代以下超过70岁的皇帝：汉武帝、梁高祖、唐明皇、宋高宗、元世祖、明太祖。乾隆认为这些帝王里最有作为的要算元世祖了，但“计其世次讫顺帝不过四传”，也没有像乾隆皇帝那样五世同堂的盛况。但乾隆帝觉得自己能活到70岁，成就盛世，完全是因为上天所赐，只有始终勤勉努力，孜孜求治，才能不负上天的恩赐，所以令匠人雕制“古稀天子之宝”印玺，另雕制有“犹日孜孜”印玺，并将“犹日孜孜”作为“古稀天子之宝”的副章相配使用。

乾隆皇帝的确政绩显著，功勋赫赫，而就乾隆的长寿来说，“古稀天子”四字是当之无愧的。这方“古稀天子之宝”玺印全面地反映出古稀之年的乾隆帝那种壮志未泯、雄心未已、励精图治而且相当自负的精神和心理状态。同时也体现出此时的乾隆帝还相当明智，虽自负但不自满。

三、八徵耄念之宝

八徵耄念之宝，碧玉材质，交龙纽方形玺，汉文篆书。宝四周阴刻乾隆帝御笔《八徵耄念之宝记》曰：“予年七十时，用杜甫句镌‘古稀天子之宝’，而即继之曰‘犹日孜孜’，不敢怠于政也。

八徵耄念之宝 印面13厘米见方，通高11厘米，纽高5.4厘米。附系黄色绶带。故宫博物院藏

蒙天眷佑，幸无大损，越于兹又浃旬矣。思有所以副八旬开袤之庆，镌为玺，以殿诸御笔，盖莫若《洪范》八徵之念。……”[1]此宝所用玉材质地上佳，交龙钮雕琢细致，身形遒劲，鳞片齐整，头部刻画细致，双目平视前方，神态威猛张扬，雕琢抛光一丝不苟。

印文“八徵耄念之宝”为乾隆帝圣寿80时所拟闲章。乾隆五十五年是乾隆帝至关重要的一年。这一年不仅是他在位的五十五年，而且将要迎来他的80寿辰。按照惯例，每到“正寿”之年，都要举行盛大的庆典。在乾隆帝看来，纪年五十五年又恰逢80整寿，实是与天地之数自然会和，是昊苍眷佑的结果，值得大庆特庆。因此，早在乾隆五十四年的中秋，乾隆帝就开始了对庆典活动的筹划，而制作相应的宝玺则是活动筹划过程中必不可少的事项。

自乾隆五十四年拟定了“八徵耄念之宝”和副宝“自强不息”之后，即开始了大规模的制作。以本品一般印文“八徵耄念之宝”为核心，宝玺便开始了持续的制作，从乾隆五十四年冬天一直到乾隆五十九年，从没有间断过，故宫博物院所藏《宝薮》中便录有数枚，亦多见于清宫所藏珍贵书画之上。

1 张广文主编《故宫博物院藏清代碧玉器与玛纳斯》，故宫出版社，2014，第43页。

四、十全老人之宝

十全老人之宝，碧玉材质，交龙纽方形玺，汉文篆书。宝四周阴刻填金乾隆帝御制《十全老人之宝说》。

乾隆帝于乾隆五十八年命工匠刻制了“十全老人之宝”的宝玺，乾隆帝为此宝玺又特别撰写了一篇《十全老人之宝说》。在这篇文章中，乾隆帝赋予了“十全”更新的含义，认为“十全”不仅仅是指武功这一个方面，也是指完全的人生。在他看来，当三年以后，也就是在他在位满60年，顺利地将皇位移交给继承

十全老人之宝 印面12.8厘米见方，通高15.3厘米，纽高5.4厘米。故宫博物院藏

人的时候，自己也就尽到了为君之全职，功德圆满，成为千古全人。为此他勉励自己继续努力，将以后三年的路走好，完成自己的夙愿。

五、武功十全之宝

武功十全之宝，碧玉材质，玉料中间夹杂白斑，交龙钮，雕工细腻，神龙挺胸，龙首平视前方，圆目张吻，竖角横须，鬃发飞扬，自有一种威严刚猛之气，印文为篆书“武功十全之宝”，文字结构严谨，端庄规矩。钮系黄色丝绶，保存完好。刻文内容为《十全老人之宝说》。

《十全老人之宝说》，全文共376字，记述了乾隆所制的“十全老人之宝”御玺。其印其文不仅是要显扬“十全”之武功，亦有时时训勉自身尽人君之全职，以实现“千古全人”之夙愿。乾隆做皇帝60年，治理天下，自谓文治与武功兼备。而这方“武功十全之宝”则让我们走进了乾隆的内心世界，既感受到了他的虚荣浮华和自我标榜，也感受到了他的舞文弄墨和爱慕风雅。

武功十全之宝 高9.6厘米，方12.9厘米。故宫博物院藏

六、“三友轩”宝

“三友轩”宝，宫殿玺，碧玉质，顶部雕螭龙，颈部刻海水波浪纹，印面镌刻“三友轩”三字。所用碧玉质地上佳，可谓玛纳斯碧玉“大开门”的材质特点，颜色苍翠坚韧，器呈长方形，盘螭钮雕琢细致，体态矫健，岿然而卧，气宇轩昂。雕琢抛光一丝不苟，平面打磨平滑如镜。三友轩位于宁寿宫花园第三进院落东南角上，建于清乾隆三十九年。黄琉璃瓦卷棚顶，东为硬山式，西为歇山式，三面出廊，这是一种巧借地形的屋顶构造形式，为宫中仅有。轩内以松、竹、梅岁寒三友为装饰题材。

“三友轩”宝 高8厘米，长4.1厘米，宽2.5厘米。故宫博物院藏

七、“金昭玉粹”组宝

“金昭玉粹”组宝，一共三方，分为“金昭玉粹”玺，“金锡炼而精”玺，以及“圭壁性有质”玺。嘉庆帝宝，碧玉质，蹲龙钮，汉文篆书“金昭玉粹”“金锡炼而精”“圭壁性有质”。三方存于一紫檀木盒中，原来存贮于漱芳斋后之金昭玉粹。

金昭玉粹指如金玉之明美。典故出处：南朝宋颜延之《应诏宴曲水作》诗：“君彼东朝，金昭玉粹。”此三章印文特征显著，

“金昭玉粹”玺 高7厘米，长4.5厘米，宽2.9厘米。“金锡炼而精”玺 高7厘米，面径4.5x4.5厘米。“圭壁性有质”玺 高7厘米，面径4.5x4.5厘米。故宫博物院藏

新颖独特，匠心独运。“金昭玉粹”玺是宫殿玺，另外二方是对金昭玉粹的诠释。毛传说：“金锡炼而精，圭璧性有质。”有“质美德盛”的意思。漱芳斋后殿名“金昭玉粹”，面阔五间，进深一间。殿内西梢间修小戏台一座，建于清乾隆年间，是专为皇帝和太后吃饭时演出的小戏而设，方亭上悬挂着乾隆皇帝书写的“风雅存”匾额，前檐左右柱上各悬古琴形木制楹联曰“自喜轩窗无俗韵，聊将山水寄清音”。金昭玉粹的迷你戏台，可说书、可看小型杂耍、也可听岔曲。戏台虽小，却拉开了故宫年度大戏的序幕，方寸之间锁住的也是皇帝与家人过年的亲情。

八、慈安端裕皇太后之宝

慈安端裕皇太后之宝，碧玉材质，交龙纽方形玺，附系黄色绶带。此宝宝文为满文和汉文篆书“慈安端裕皇太后之宝”。雕琢精细，龙身鳞片刻画得一丝不苟，排布整齐。保存状况相当完好，选料珍贵，采优质碧玉，不惜耗材精雕细琢而成，玉质致密温润通透，色呈墨绿，给人以厚重之感，抛光完美，宝蕴光华，充分展现了皇家制器寻常难以企及之恢宏精湛，令人瞠目。

慈安太后，钮祜禄氏，满洲镶黄旗人，咸丰帝的第二任皇后。三等承恩公、广西右江道穆扬阿之女。咸丰二年入宫，参加选秀被封为贞嫔，深得咸丰帝宠爱，四个月后晋升为贞贵妃，随后被立为母仪天下的皇后。慈安仅用了六个月时间便以16岁芳龄统领后宫。同治帝继位，她被尊为母后皇太后。曾在同光年间与慈禧

慈安端裕皇太后之宝 印面12.85厘米见方，通高9.6厘米，纽高4.7厘米。故宫博物院藏

太后一起两度垂帘听政，光绪七年崩逝。其徽号在同光年间累有叠加，同治帝继位时尊称皇太后，加徽号“慈安”，同治十一年同治帝大婚时又加徽号“端裕”。

九、碧玉功全奉若册

功全奉若册，碧玉材质，册共8片，每片呈色观之，为同块碧玉剖解而成。每片正面阴刻文字纹饰，描金填涂，镌刻细致，笔力遒劲。第一片正面刻隶书“功全奉若”标题，双框围，两侧

功全奉若册 长21.9厘米，宽8.7厘米，厚0.8厘米。故宫博物院藏

镌刻浮云龙纹与海水江崖纹，其余各片以楷书刻《御制书南安始末事记》全文，行笔规整，结体大方，御家之范。

清宫尤重玉册，使用的玉册主要有几类，一为政务类，如谥册；一类为文册，刻记皇帝的重要文章；一类为书画册，刻录皇帝喜爱的书画作品。乾隆年间，玉册制量达到高峰，当时玉册由内务府监制，部分交造办处，部分由苏州织造五德照本文刻字，再由如意馆裱装成册。

关于此首御制文及玉册的制作于《清宫内务府造办处档案》中皆可窥见一二，如:（乾隆五十九年正月）三十日员外郎大达塞将苏州送到：刻《平定台湾告成热河文庙碑文》青玉册页一分，计8片；刻《御制书安南始末事记》玉册页一分，计8片，随墨榻两分、本文两分，并造办处做得拉道填金，紫檀木罩盖匣二件持进，交太监鄂鲁里呈览。奉旨：将玉册页并紫檀木匣交懋勤殿，在匣上刻签字及墨榻交如意馆裱册页本文亦交懋勤殿。钦此。[1]

十、碧玉四得论册

四得论册，碧玉材质，玉质细腻温润，册共10片，从每片的呈色分布来看，显然为同块碧玉剖解而成。首片正面和末片背面

四得论册 长22.7厘米，宽11.7厘米，厚0.5厘米。故宫博物院藏

1 香港中文大学文物馆、中国第一历史档案馆合编《清宫内务府造办处档案总汇》卷53，人民出版社，2007，第135页。

均两侧刻饰双龙戏珠纹，其余每片正面均阴刻楷书乾隆帝御制文《四得论》和《四得续论》。有一紫檀木浮雕云龙纹罩盖匣盛装，匣盖有“御笔四得论四得续论”题签。描金一片有文“四得论，昨自避暑山庄，回至御园之作，有惭愧德无称，四得之句盖引而未改，兹乃叙而论之。夫子思引孔子之言以为，位禄名”，书体隽永，纹饰与文字镌刻细腻，流线顺畅，犹如用笔直接写在玉片之上。

四得论的由来是乾隆皇帝80岁大寿时，从避暑山庄回到御园时有感而发，他回顾自己的人生，写下了这篇《四得论》。《中庸》有言：“故大德必得其位，必得其禄，必得其名，必得其寿。”乾隆借此来总结自己的人生有四得，即位、禄、名、寿，是为大德者。其用意极为明显，就是要宣扬自己的功德，同时鞭策自己孜孜求治。这是乾隆对自己辉煌一生的总结。

十一、碧玉御制平定廓尔喀十五功臣图赞序册

御制平定廓尔喀十五功臣图赞序册，碧玉材质，册共8片，每片呈色观之，为同块玉料剖解而成。玉色不均，白翳遍体，质地干而不润。首片正面刻隶书“制平定廓尔喀十五功臣图赞序”标题，双框围，两侧镌刻双龙戏珠纹与海水江崖纹，末片背面镌刻云龙纹，其余各片以楷书刻御制文《御制平定廓尔喀十五功臣图赞序》全文。纹饰与文字镌刻细腻，流线顺畅。有一紫檀木阴刻填金海水江崖云龙纹罩盖匣盛装。

御制平定廓尔喀十五功臣图赞序册 长21.4厘米，宽8.4厘米，厚0.8厘米。故宫博物院藏

《平定廓尔喀十五功臣图赞》是清朝乾隆皇帝为平定廓尔喀十五功臣画像上的题词。平定廓尔喀十五人：大学士福康安、阿桂、和珅、王杰、孙士毅，领侍卫内大臣海兰察，尚书福长安、董诰、庆桂、和琳，总督惠龄，护军统领台斐英阿、额勒登保，副都统阿满泰、成德。

廓尔喀之役（1788—1792），又称平定廓尔喀、廓藏战，尼泊尔方面称为尼泊尔—中国战争，是清乾隆年间由廓尔喀入侵中国西藏引发的战争。廓尔喀是18世纪统治尼泊尔的部族，以贸易与边界纠纷为由，在乾隆五十三年入侵西藏聂拉木、济咙（在今西藏自治区吉隆县）等地。清廷随即调兵进剿。次年，驻藏大臣及噶厦官员私自与廓尔喀议和，允诺向廓尔喀偿银赎地，并向朝廷谎报失地收复，奏凯班师。乾隆五十五年，廓尔喀派人入藏讨要赎地钱财，西藏僧俗官员不与。乾隆五十六年夏，廓尔喀以藏官爽约为名，再次入侵后藏。乾隆帝派两广总督福康安、海兰察等领兵入藏增援。乾隆五十七年五月，清军收复擦木、济咙，随后率军越过喜马拉雅山，攻入廓尔喀境内。六七月间，清军兵临廓尔喀首都阳布（今尼泊尔首都加德满都），廓尔喀称臣请降，许诺永不侵犯藏境。八月，福康安准许廓尔喀归降，启程返回西藏。平定廓尔喀是乾隆皇帝“十全武功”中的最后一役。

第二节　精品玉器

清宫里的碧玉器皿是碧玉数量最庞大的一类，种类繁多，同时用法不一。简单地按用途将碧玉器皿分为日用器、装饰器、陈设器、文房用具等，但这些分类并不都是绝对的，如碧玉花插既是一种日用器，也是一种陈设器。装饰器由于种类过于庞杂，目前未有人进行专门的数量统计分析。

碧玉的日用玉器主要有杯、碗、盘、碟、壶、罐、炉、瓶等。其中杯、碗等小件的碧玉比较少，大件的壶、炉很多。装饰玉还可分为实用装饰玉和纯装饰玉，前者有玉梳、玉簪、玉带钩、玉带板等；后者除各种玉雕首饰，还有随身佩带的玉佩、玉坠、玉勒子等。陈设器一般指的是具有观赏价值或文化意义的器物，一件物品只有当其具有观赏价值、文化意义，又具备被摆设的条件时，才能称之为陈设品。陈设类碧玉器皿主要有花插、插屏、如意、屏风、山子、人物类陈设。其中清宫里的陈设器以碧玉插屏、花插比较多，人物类陈设比较少。

一、碧玉蟠螭纹三羊耳瓶

碧玉材质，绿色间灰色及黑色斑块，质地油润。瓶身细长，圆腹，圈足。瓶口处阴刻有如意云纹，径部以高浮雕的方式雕刻出三羊首，羊首下部带活环。羊首造型常见于青铜器中，具有吉祥的寓意，如“三阳开泰”。瓶身外部雕刻螭龙，形象生动，龙身翻转活泼，纤毫毕现，表现出极强的动感。玉瓶采用浮雕、活环雕及阴线刻等技法制作而成，置于紫檀木座之上，为陈设品。

蟠螭纹三羊耳瓶 高14.5厘米，口径3.4厘米，腹径6.2厘米。故宫博物院藏

二、碧玉龙凤纹瓶

碧玉材质，颜色均匀，略有褐色斑块，几乎无黑点，质地温润细腻，油性足。器物造型精巧，以优质碧玉为材料雕刻，主体分为两部分，仿古扁瓶与梅花树桩造型的花插相连构成一件连体器。仿古扁瓶直口，长颈，以夔龙纹作双耳，瓶盖部分雕刻有蟠螭，瓶身一面雕刻龙纹，龙身矫健，并雕刻有火珠。梅花树桩花

龙凤纹瓶 高15.8厘米，长20.5厘米，宽4.1厘米。故宫博物院藏

插部分为仿生造型，椭圆形口，中空作为花插之用，外部凸雕一鸾凤，凤嘴衔灵芝，整体造型与瓶身上的龙相望，龙吐珠与凤衔芝的动态造型配以瓶与树的景物题材，极为生动巧妙，是宫廷玉器中的精品之作。

龙是中华民族吉祥文化中的祥瑞之灵，代表着“帝德”与“天威”，更是辟邪降福的吉祥物。凤为群鸟之长、鸟中之王，是飞禽中最美丽的代表，相传凤凰飞时有百鸟相随，是祥瑞的象征。

三、碧玉兽面纹碗

碧玉材质，颜色均匀，质地细腻。器型端正，敞口，圈足。碗身雕刻有纹饰及文字，纹饰以回纹为地，兽面纹环布成带，文字为镌刻的乾隆戊寅（乾隆二十三年，即1758年）御题《咏玉茶碗》，共56字，以及“乾隆戊寅仲夏御制”“会心不远”“德充符”印文。碗底以剔地阳文刻“乾隆御用”款识。

据宫廷记载此碗为新疆所制，入贡内府后重加抛光并加琢纹饰、诗文及款识。乾隆二十二年平定回部阿睦尔撒纳叛乱，二十三年进剿南疆。应为当时回部伯克入贡之物。[1]

1　故宫博物院、新疆维吾尔自治区玛纳斯县人民政府编《故宫博物院藏清代碧玉器与玛纳斯》，故宫出版社，2014，第176页。

碧玉兽面纹碗 高5.9厘米，口径13.2厘米，足径4.9厘米。故宫博物院藏

四、碧玉盖碗（一对）

这对玉盖碗为整块碧玉雕琢而成，颜色翠绿、黑点较小。整体器型规整，碗盖上雕刻有环形钮，敞口深腹、圈足。碗底阴刻“乾隆年制”四字款识。盖碗又被称为“三才碗”，碗盖、碗身、碗托象征着“天、地、人”三才，古代人们认为玉器具有使人轻

碧玉盖碗 高8.7厘米，口径10.5厘米，足径4.3厘米。故宫博物院藏

身不老的功效，这对以碧玉制作的盖碗尤为难得。

碗是人们日常生活中常用物品，一般为瓷质，以玉制作成的碗则十分珍稀。玉碗算是清代宫廷玉器中一大特色，专供皇家使用，乾隆时期宫廷内曾大量制作。在古代玉器中，清代玉器生产是最为辉煌与繁盛的，不仅在紫禁城内有加工制作玉器的养心殿造办处玉作和内廷如意馆等处，各地织造、盐政、钞关等衙门也会接受造办处指派完成玉器活计，其中苏州最为瞩目。“在乾隆十八年四月，由姚宗仁在银库玉石内挑选玉101块，其重4428斤，可做碗120件，卓木120件。弘历准做玉碗100件，玉卓木100件，这批玉活也由南边苏州承做。”[1]

五、碧玉“卍”字锦地花卉诗纹碗（一对）

碧玉“卍”字锦地花卉诗纹碗 高7.5厘米，口径16.6厘米，足径8厘米。故宫博物院藏

1 杨伯达：《古玉鉴定：隋唐至明清》，广东教育出版社，2006，第108页。

碧玉材质，碧绿色带黑色斑纹。碗壁较薄，深腹、撇口、圈足，共一对。玉碗外部满工，以“卍”纹为锦地，纹饰内开光，共6块，分别为御题兰花、水仙、樱桃、迎春等花卉诗，另一件为御题丁香、梅花、白莲、石榴等6种花卉诗。御题诗为阴刻填金隶书。两件玉碗根据纹饰及文字内容来看为一对，一件置于铜镀金宝石座上，另外一件碗内存铜镀金内胆，这对玉碗应非实用器，而是清代宫廷陈设品之一。

六、碧玉莲瓣纹碗

碧玉莲瓣纹碗 高6.9厘米，口径25.2厘米，足径16.6厘米。故宫博物院藏

碧玉质地，整体翠绿色，内有灰白色点状斑块，为天山北麓碧玉特点。玉碗器型硕大，直径达25.2厘米，撇口、玉碗腹部较浅，有圈足。碗身外饰以莲瓣纹为主，腹部的卷边大莲瓣纹呈现出浅浮雕的效果，口沿处以弦纹装饰。碗底以阴线刻“乾隆年制”款式。这件玉碗用料为典型的清代玛纳斯产碧玉，且造型不同于一般宫廷玉碗，在清代宫廷玉器中尤为特殊。

七、碧玉盘

碧玉材质，整体翠绿色，内有灰白色点状板块，黑点较少。玉盘整体抛光良好，撇口，圈足，腹较浅。这件玉盘刻有“嘉庆

碧玉盘 高3.8厘米，口径20.3厘米，足径11.9厘米。故宫博物院藏

年制”款识，是嘉庆朝玉器的典型，光素无纹，器型端正。清乾隆皇帝弘历嗜玉成癖，乾隆时期宫廷制造玉器数量最多，特别是乾隆二十四年以后，玉材源源不断地进贡宫廷，直到嘉庆十八年起贡玉减半，但宫廷内玉料库存充足，宫廷治玉仍有一定规模。

八、碧玉双龙戏珠纹龙耳带托杯

碧玉材质，颜色碧绿，带黑点，质地细腻油润。本品分为杯、托两部分，纹饰均以龙纹为主，杯身部分以浅浮雕形式琢云纹，以透雕作龙耳，底部阴刻“乾隆御用”款识。玉托中心部分雕莲台，周围雕刻二龙戏珠图案，底部刻“乾隆御用”款识。龙作为

碧玉双龙戏珠纹龙耳带托杯 杯：高3.8厘米，口径6.3厘米，足径3.3厘米 托：高2.5厘米，口径17x11.9厘米 足径13.9x9厘米。故宫博物院藏

帝王身份和权力的象征，是最高的祥瑞。在清代，人们认为龙与火龙珠能够去除水灾，二龙戏珠纹饰具有祈祷风调雨顺的含义。

九、碧玉罗汉图山子

碧玉材质，以整块玉璞随形雕刻而成，颜色翠绿明艳，玉质

碧玉罗汉图山子 高26.7厘米 长19.2厘米 宽6.9厘米。故宫博物院藏

温润，均匀细腻。正面以浮雕的形式雕刻出罗汉形象，罗汉身在山林之中，手持净瓶，倚坐于山石之上，芭蕉树下，座下伴有羚羊，口衔灵芝，取吉祥如意之意。山子正面右上部分以阴线填金乾隆御题《唐人罗汉赞》:“庞眉台背，示此幻身。西天弗居，而居圣因。筇竹罢扶，盘陀且坐。一弹指间，无可不可。羚羊挂角，衔芝而来。埋没家宝，有如是哉?左持净瓶，忽现大士。明圣之湖，全贮其里。”后注:“圣因寺僧明水献此图，因为之赞，仍命珍弆寺中，为山门佳话。乾隆壬午暮春并识。”并刻有“几暇怡情”阴文与“乾隆辰翰”阳文款识。玉山子背面阴刻填金《般若波罗蜜多心经》，并后记:“既制罗汉赞题，付寺僧弆，庄以毫相，光中大士现身，因金书心经于帧首，附以梵文咒句，使心印陀罗同谐善果，作法宝护。御笔再识。”并刻“乾”“隆”及“几暇怡情”款识。

乾隆时期玉山子数量较多，主要为陈设品，规格多样，题材丰富，工艺巧夺天工，体现了宫廷生活的奢华与精致。罗汉，是阿罗汉的简称，梵铭为Arhat，有杀贼、应供、无生的意思，是佛陀得道弟子修证最高的果位，为玉山子中常见题材，因罗汉者皆身心六根清净，无明烦恼已断，是世人所追求和向往的境界，故因此备受推崇。

十、碧玉贺寿图磬

碧玉材质，玉质温润细腻，油性足，颜色均匀，少有黑色斑

碧玉贺寿图磬 高31.3厘米 宽21厘米 厚0.8厘米。故宫博物院藏

块。提头部分为透雕而成，两端分别雕刻龙纹与凤纹，代表着此件玉器的尊贵。主体的磬身采用浅浮雕与阴线刻画而成，大磬的一面雕琢有凤纹，并寿桃与灵芝，另一面雕刻波浪纹的麻姑献寿题材，共同构成了凤衔灵芝——长生与麻姑献寿——祝寿的吉祥寓意。小磬部分为透雕仿古造型，两端做螭首形，表面以阴线雕刻蝙蝠题材。下端连接鱼形缀饰，取吉磬（庆）有鱼（余）之意。

整件器物为一块玉料制成，分别有提头、活环、大小两件玉磬以及鱼形缀饰构成，镂空雕琢的玉活环将各部分相连，整体共运用了透雕、浅浮雕、活环雕及阴线刻等技法，体现了清代宫廷玉作的技巧之工，活环精巧、雕刻精美，抛光精细，是极具工艺价值的碧玉精品。

十一、碧玉蟠螭纹如意

碧玉材质，玉质油润，绿中带黑斑。这柄玉如意由碧玉琢成，形制较大，柄部高浮雕一只蟠螭，头尾处饰以云纹。如意头雕刻凤鸟图案，周围阴刻寿字纹与勾云纹。

如意，最早起源于爪杖，能搔到背部手所不及之痒处，甚如人意，因而得名“如意”，在古代被人们视为吉祥之物，具有“如人心意”的吉祥寓意，常作为贵重的礼品互赠，表达吉祥顺意的祝福。在春节、中秋、贺寿等重大活动的日子各地会向皇帝进献如意，皇帝也常用如意赏赐重臣。

碧玉蟠螭纹如意 长33.7厘米，宽8厘米。故宫博物院藏

十二、碧玉番莲纹朝冠耳炉

碧玉材质，质地细腻，颜色碧绿，黑点较少。炉身呈圆球形，圆盖花形钮，三叶形足，两侧琢朝冠耳，器身有高浮雕花形

碧玉番莲纹朝冠耳炉 高16.5厘米，长17.5厘米，宽13.5厘米。故宫博物院藏

饰，花心镶嵌物缺失，器身以番莲纹及莲瓣纹为饰。为仿痕都斯坦风格玉器。“痕都斯坦”这一名称，是由乾隆皇帝亲自考证后得出，后世沿用此名，也称为“痕玉”。这类玉器具有胎薄如纸，纹饰繁杂精致的特点，多花瓣纹，并且打磨工艺非常精湛，被称为“仙工”。

十三、碧玉缠枝莲纹兽耳活环炉

碧玉材质，颜色碧绿间有黑点。器物设计精巧，造型设计古朴俊逸，纹饰雕刻异常精美。炉身为圆球形，雕刻龙形钮盖，透

碧玉缠枝莲纹兽耳活环炉 高15.5厘米，长21厘米，口径11.5厘米。故宫博物院藏

雕兽首式耳带活环，炉身以缠枝莲纹为地，高浮雕莲花花朵，工艺精湛。

第三节　仿古玉器

清代宫廷玉器中还有一种比较特殊的陈设器就是仿古陈设器，一般仿的是商周的青铜器器型，但到清代已基本不具备其原始功用，多作为摆件，如罄、觥、罇、觚、卮、卣、鼎、瑞器（圭璧）等。这是因为清代的统治者如康熙帝雍正帝乾隆帝子孙三代均喜好收藏青铜器，而碧玉的颜色与青铜器颜色类似，因此多用碧玉做仿古器皿。

一、碧玉凫鱼纹壶

碧玉材质，颜色较深，器身有白斑及绺裂。本品为典型乾隆时期仿古玉器，壶底刻“大清乾隆仿古”款识。乾隆皇帝热衷于仿古玉器，以碧玉雕琢更是古意十足，器身以凫鱼龟纹为主，颈部与腹部各有高浮雕兽面衔活环，颈部上方以透雕镂空技法雕刻夔龙纹，壶口处刻《咏和阗玉凫鱼壶》乾隆御制诗。

御制诗内容为：“和阗绿玉尺五高，缠头岁贡劂以包。玉人琢磨精厘毫，汉铜凫鱼壶制标。鱼泳凫翔围腹腰，不惟其肖其神超。父已（商）丙辰（周）相为曹，事不师古厥训昭。无能掷山学神尧，热海砂砾闲弃抛。来宾翦拂成珍瑶，席上之珍何独遥。乾隆壬午

碧玉凫鱼纹壶 高46.3厘米，14.8厘米，足径14.1厘米。故宫博物院藏

季夏御题。”并有“德充符”款识。

由乾隆御制诗可知，这件碧玉凫鱼纹壶是仿两周时期的青铜凫鱼壶，青铜凫鱼壶著录于《西清古鉴》，乾隆十四年下旨修撰《西清古鉴》，将内府所藏商、周至唐1529件青铜器悉数绘图并

详加考释，成为清代仿古玉器的重要模仿对象。[1]

二、碧玉夔龙纹夔龙耳活环瓶

碧玉夔龙纹夔龙耳活环瓶 高35厘米，长15.6厘米，宽5.1厘米。故宫博物院藏

1 故宫博物院、新疆维吾尔自治区玛纳斯县人民政府编《故宫博物院藏清代碧玉器与玛纳斯》，故宫出版社，2014，第94页。

碧玉材质，颜色翠绿，质地均匀，局部有黑斑。器型端正大方，雕刻工艺精湛，器身整体布满纹饰，以夔龙纹为主，颈部两侧运用透雕镂空工艺雕刻出夔龙形双耳，并有活环。瓶身正面雕刻有蝙蝠图案以及变形寿字纹，取“福寿”寓意。玉瓶在清代宫廷是较为常见的室内陈设用具，常放置于厅堂或者是书房内，或与其他器物组合陈列置于多宝阁中。纹饰仿古，抛光精良。

三、碧玉蕉叶兽面纹出戟觚

碧玉蕉叶兽面纹出戟觚 高32厘米，长15.3厘米，宽10.8厘米。故宫博物院藏

碧玉材质，颜色艳丽，局部有黑斑，抛光精细，油润感强。器型为仿青铜器觚，觚为商周时期的青铜酒器，本品器型硕大，造型独特，通体雕刻出戟纹，比例协调，大撇口，至腹部收窄，中间以浅浮雕的形式雕刻兽面纹，上下各饰蕉叶纹，装饰感极强。

四、碧玉象耳活环出戟尊

碧玉材质，颜色古朴，见脉状绿斑。本品窄口，宽腹，体略

碧玉象耳活环出戟尊 高31厘米，长19.5厘米，宽10.7厘米，口径12.3x8.7厘米，足径9.8x6.2厘米。故宫博物院藏

扁，口部雕刻一蟠螭立其上，颈部高浮雕双象耳带活环，腹部仿青铜器四面出戟，饰以夔凤纹，并在其上雕刻立体蟠螭。整体纹饰生动精妙，运用多种雕刻技法，显示出高超的技艺。尊口下刻有乾隆御题诗:“琢玉作今器，范铜取古型，俗嫌时世样，雅重考工经，虽匪金银错，依然螭象形，酒浆原弗贮，只备插花馨。乾隆壬寅春御题”。并阴刻“古香”“太卜”款识。器底刻有“大清乾隆仿古”六字款。乾隆时期宫廷内多见这类仿古器物，常作为案头陈设，其内常插如意、小戟、花卉等为饰。

五、碧玉夔龙纹兽耳簋式炉

碧玉夔龙纹兽耳簋式炉 高17.6厘米，口径23.1厘米。故宫博物院藏

碧玉材质，玉色古朴，带黑斑。本品为簋式炉，器型仿青铜器中的簋，簋流行于商周时期，是盛食物的器具，也是重要的礼器，常与鼎相配。器身纹饰以锦地夔龙纹为主，口沿处阴刻回纹，炉盖上方有旋纹，抛光精细，线条流畅。器底阴刻“大清乾隆仿古”六字款识。

六、碧玉勾云纹天鸡式执壶

碧玉材质，颜色碧绿，局部有黑斑，极具古意。造型为天鸡样式，天鸡是中国古代传说中的神鸟，被视为吉祥之物。相传，

碧玉勾云纹天鸣式执壶 高19.4厘米 口径8.3x6.4厘米 足距5x4.8厘米。故宫博物院藏

其为北海大鸟，高千里，左足在海北边，右足在海南边。其毛苍，其嘴赤，其脚黑，以鲸鱼为食。震动翅膀飞翔时，声音如雷如风，震动天地。壶身饰仿古勾云纹、方折纹，将纹饰巧妙地塑造成天鸡的翅膀，配兽吞式流，并活环，夔龙形曲柄。壶底刻“大清乾隆仿古”款识。

七、碧玉仕女耳杯

碧玉材质，颜色暗沉，略有白斑。器型仿清宫旧藏宋元时期的白玉礼乐杯，杯体为圆形，雕仕女为耳，作扶杯状，仕女造型仍依前代。杯口内侧刻回纹，外侧饰云龙纹，主体部分以浅浮雕刻人物图案画，古朴雅致。器底刻“大清乾隆仿古”款识，乾隆

碧玉仕女耳杯 高6厘米，长15.5厘米，口径10.4厘米。故宫博物院藏

皇帝非常喜欢这类玉器造型。本品以碧玉为材，别有趣味。

八、碧玉蟠螭纹觥

碧玉材质，颜色为墨绿色，带黑斑杂质。器型仿青铜器中的觥，玉质的墨绿色很自然地呈现出青铜锈斑的色泽。觥为古代酒器，本品依玉材形状雕刻，器物底部设计浮雕效果的龙首，整体

碧玉蟠螭纹觥 高14.3厘米，长8厘米，宽6.3厘米，口径7.5x4.8厘米。故宫博物院藏

极具动感，觥身饰仿古勾云纹，另雕琢立体蟠螭立于口部及觥身。器物配有木作，应为仿古陈设器。

九、碧玉牺尊式砚滴

碧玉材质，玉质莹润，局部有黑色及褐色斑沁。器型仿青铜器中牺尊造型，商周至战国时期，将青铜尊铸造成老虎、牛、羊、鸟等动物形象，造型生动，装饰感强，这类器物统称为牺尊。器物以圆雕而成，造型生动，雕刻精细，周身饰仿古纹，背部开一

碧玉牺尊式砚滴 高11厘米，长13厘米，宽5厘米。故宫博物院藏

圆孔，作水注用。底部刻“乾隆年制”款识。

文房用具，是中国独有的士族文人文化的重要组成部分。文房用具除了传统笔、墨、纸、砚，还包括了很多的辅助性文具。比如与笔有关的文房玉器主要有笔、笔架、笔洗、笔砚、笔筒、笔搁、笔山等；与墨有关的文房玉器主要有墨床、臂搁等；与纸有关的文房玉器主要是镇纸压纸；与砚有关的文房玉器有水丞、水注、砚滴等。

十、碧玉结绳纹烟壶

碧玉材质，玉质细腻略带黑点。器型以汉代铜壶为样，缩小以碧玉雕琢成烟壶，构思巧妙，小中见大，造型古朴俊逸。烟壶

碧玉结绳纹烟壶 高6.7厘米，长4.5厘米。故宫博物院藏

以素身雕饰绳纹，雕工精细，是同类器物中的精品之作。壶底刻“乾隆年制”款识。

十一、碧玉兽面纹璧

碧玉材质，浅绿色带黑色斑点，质地细腻。本品器型仿战国时期兽面纹玉璧，玉璧分内外两区，内区为谷粒纹，外区为兽面纹，以绳纹为间隔。边沿部分刻有乾隆御题诗：“玉河恒贡玉，中璧致艰之。正复盈周尺，原堪匹汉时。质呈韭色润，纹列谷形弥。

碧玉兽面纹璧 直径25.6厘米，孔径4.4厘米，厚1厘米。故宫博物院藏

不比他琼玖，祈年重在兹。”并有“自强不息”“八徵耄念”款识。玉对于中华民族来说具有特殊的文化和历史底蕴，玉礼器是古代礼制活动中使用的器物，主要用于祭祀，玉璧是最为重要的玉礼器之一，这件玉璧是乾隆时期仿古代玉器的代表作品之一。

第五章　品味当代玛纳斯碧玉

第一节　影响玛纳斯玉器价值的主要因素

中国素有“玉石王国”的美誉，历代治玉者塑造了众多精美绝伦的玉器，民间常有“黄金有价玉无价”之说，从侧面也说明了玉雕作品具有很高的经济价值。当然，这种“高价值”除了石料本身的价值，还受很多其他因素的影响，玛纳斯碧玉也是如此，其影响因素概括起来可以分为材质价值、工艺价值、艺术价值、人文价值、历史价值、装潢与配件价值这六类。

一、材质价值

雕刻材质的价值，就是雕刻原料本身的价值，它与原料的种类、体量大小、品质等级、受欢迎程度和实时的市场行情有关。

玛纳斯碧玉是和田玉中碧玉的一类，是由多晶体组成的矿物

玛纳斯碧玉原料

集合体，组成的矿物颗粒粗细不同、排列方式不同等原因可造成玛纳斯碧玉的颜色、结构、透明度、杂质等因素的多样变化。

新疆玛纳斯碧玉的玉料特点，主要是指其感官特征，以及影响雕琢的相关要素。感官特征就是在自然光下，看玛纳斯碧玉的大小、颜色、光泽、质地、杂质等因素。比如玉料的体块大小；玉料的颜色是否够绿、够正并且是否带有灰褐色调；表面光泽是否温润，是否带有蜡状光泽；质地的细腻程度，底子是否干净，是否没有黑点等杂质等，这些特点均为影响玛纳斯玉料价值的重要因素。

玛纳斯碧玉的力学特点对玉石的雕琢与成品玉器的保存均产生重要的影响。其力学特征表现在硬度、韧性、自然解理等方面。

玛纳斯碧玉的硬度为摩氏6—6.5度，韧性好，非常适宜雕琢。开采出来的部分玛纳斯碧玉原料带有一定的应力作用，需放置数年再作雕刻。

和田玉按地质产出情况可分为山料、山流水、子料和戈壁料。玛纳斯碧玉的产出则因地质环境的因素主要包含山料、山流水和子料这三种。产出类型的不同对玛纳斯碧玉的价值和雕刻工艺均影响深刻，三种玉石原料的种类，决定了不同的设计方法和雕刻方式。如：子料价值相对最高，一般呈滚圆状、次滚圆状，表面多存在不同颜色的皮色，往往被运用“工就料”的手法，并配以精湛的雕刻工艺；山料呈棱角状，棱角尖锐、形态各异，比起子料和山流水料价值相对较低，尤其品质一般的碧玉原料，常常被雕刻成家具、瓮等大件物品。

玛纳斯碧玉玉质细腻，油润光泽，结构完整，颜色鲜艳，色泽均匀，质地坚韧，子料和山流水料个体较大，适合做大件，雕刻的山子、炉瓶、香薰以及玉碗、玉壶、玉杯、玉镯等，深受市场和藏家追捧，从清宫所藏玛纳斯碧玉玉器即可看出。

二、工艺价值

影响玛纳斯碧玉玉器价值的另一个重要因素是其加工的工艺水平。玉器工艺所涉及的内容包括构图是否合理、材料是否充分利用、比例是否协调、弧度是否平滑、刻线是否均匀、底面是否平整、造型是否生动、抛光是否到位，等等。玛纳斯玉雕工艺是

玛纳斯观音碧玉摆件

玉器从玉石原料到玉雕作品的一个重要转化过程，工艺的优劣对玉器的价值有着重大的影响。比如：造型、构图完美，玉器按原料形态进行设计，造型符合原款式或设计的样式特征，不走样，自然生动；整体布局合理，不头重脚轻，不疏密失衡，既要讲究透视关系，又要利用中国画中写意的表现手法进行布局设计。

比例协调是指玛纳斯玉器人物比例、人物与景观的透视比例、花鸟树木与山石楼台的比例、器皿的各结构部分间的比例要协调，既要有写实的塑造能力又要有写意的渲染能力，这两种手法应该有机结合，相辅相成，比重协调。

抛光到位也是衡量玛纳斯碧玉工艺的重要因素。好的抛光整体要洁净、平顺、不走样，细节之处也应抛到，使雕件整体没

经合理布局设计的玛纳斯碧玉摆件

有遗漏。抛光分为抛磨和光亮两个部分，这是两道完全不同的加工工艺。抛磨是在雕琢工艺基础上的一次或多次深化和修正的过程，包括对所有的细节进行调整和完善；光亮则是根据工艺和设计的要求对作品进行抛光磨亮。抛光过程整体上要求流畅均一，不能留有琢磨加工的痕迹，而且有些部位还要进行特殊效果的抛磨加工。

优良的制作工艺从根本上可影响到玛纳斯碧玉玉器的价值，因此除雕琢和抛磨，在设计时就应该投入万分的精力。设计构思

做工细致、抛光精良、分层次感的玛纳斯碧玉山子

是决定玛纳斯碧玉雕件成败的第一步。一件优秀的碧玉雕刻品应该能传达出创作者的思想感情，并且完美地将人文气息与自然之美融合，章法要有疏有密，层次分明，对于颜色干净、质地纯净的玛纳斯碧玉一定要敢于“留白”。量料取材、因材施艺是玉雕艺术的最大特点，过于“夸耀”工艺的烦琐，反而会有画蛇添足之嫌。同时还应充分利用玛纳斯碧玉原料特点，尽量隐藏杂质和绺裂，使作品呈现巧雕、妙琢的艺术效果。

三、艺术价值

玛纳斯碧玉被称为“天山碧玉”，质量上乘的玛纳斯碧玉温润细腻、色泽浓郁，兼有浑厚大气之感。

“玉不雕，不成器”，一件成功的玛纳斯碧玉玉雕作品不论其为传统题材还是现代题材都要有一定的艺术价值。对于玛纳斯碧玉，其雕刻的艺术价值就在于对碧玉原材料的形状、颜色和质地分布及走向的变化进行合理设计加工，使碧玉在表现传统题材或表现设计者艺术思想上被合理使用，产生美的感觉，是天然之美向工艺、人文之美的转化，天地造化和精美工艺相结合，最终成为人们所喜爱的艺术品。

上乘玛纳斯碧玉雕刻的山子、炉瓶、香薰以及玉镯等精美艺术品深受市场和藏家追捧，而作为皇家贡品收藏的玛纳斯碧玉玉钵、玉瓶、玉鼎仍珍藏于故宫博物院中。如：清代乾隆年制碧玉天鸡尊、明代碧玉卧牛摆件、明代碧玉太狮少狮摆件、十三陵出

玛纳斯碧玉山子《石刻聚珍图》

土的明代碧玉龙带钩等数件作品，制作精美，巧夺天工，几乎都是中国玉器工艺美术别开生面的独特造型艺术的典范，将明清两代玉器雕刻艺术展现得淋漓尽致，具有极高的艺术价值和审美价值，皆为皇家珍贵艺术品。

到当代，山子雕《石刻聚珍图》是玛纳斯碧玉中最有代表性的一件国宝。这件玉器的碧玉原料在20世纪70年代发现于玛纳斯河中游的红坑，其原料重达750千克，色泽碧绿深沉，玉质细腻润泽。这件瑰宝由国家级玉雕大师顾永骏负责整体设计，取北魏云冈石窟艺术、龙门大佛石窟艺术以及唐宋大足石刻、唐代乐山大佛石刻四处之精华，融于玛纳斯玉碧绿的山水之中。顾永骏先生说：“我选用长江流域气势磅礴的乐山大佛作为作品的主体，再配以重庆大足大佛、黄河流域的云冈大佛和龙门大佛，这四尊大佛代表了中华民族的长江、黄河两大母亲河沿岸的佛教文化。因为都是石刻艺术，是中华民族的艺术瑰宝，所以取名为‘石刻聚珍图’。”这件国宝左上角有中国佛教文化泰斗赵朴初先生的题词“妙聚他山”四个字，恰如此玉山的妙处，妙在以一碧瑾江聚北魏至宋的四尊佛像古迹，“尽收瑰宝归斯石，付与来人作卧游”。此件玛纳斯碧玉作品不仅具有极高的艺术价值，更是我国文化艺术的瑰宝。

四、人文价值

玉石在中国人的财富和文化史上都占有浓重的一笔。相对于国外热衷于宝石收藏，中国人更喜欢玉石，这也是东方文化的基因所致。我国最初的玉文化脱胎于“巫文化”，随后成为中国儒家文化的一部分，而儒家文化为中国古代权势阶层与知识分子的正统标志。儒家文化倡导血亲人伦、现世事功、修身存养、道德理性，玉石的含蓄恰恰迎合了这种文化，自古受到上至皇族王公，下至名士文人的珍爱，作为心头之好，收之藏之。碧玉作为古代玉器材质中的重要组成部分，有很多留世之作。特别是新疆的天山山脉出产的玛纳斯碧玉，深受清朝乾隆皇帝的喜爱，玛纳斯碧玉是乾隆时期宫廷玉器制作的重要原材料之一，皇家开办绿玉厂，大量用作玉玺、如意、首饰。古来有“碧玉妆成一树高”“江作青罗带，山如碧玉篸”“西施漫道浣春纱，碧玉今时斗丽华”等美妙诗句；还有“玉色仙姿”“碧玉无瑕”“小家碧玉”等脍炙人口的成语，这都印证碧玉负载着深厚的中华文化底蕴，显露出从文人墨客到王公贵族甚至普通百姓对碧玉的喜爱。

汪德海碧玉山子雕《访友图》(正面)

汪德海碧玉山子雕《访友图》(背面)

到当代，随着社会的进步和发展，人们对玉器的人文价值也越来越关注。这种人文价值的表现突破了早先只看材质、工艺水平的评价方式，而将人的因素价值化，不仅注重于此玉器为何名家所雕琢，还要看其使用者或收藏者为何人，雕件是否传承有序，出处是否明确，等等，而这些因素都增大了无形资产在玉器价值中的比例，使之与中国书画等艺术品一同具有很高的人文价值。

如碧玉山子雕《访友图》，由中国玉石雕刻大师汪德海先生精心设计雕琢而成。玉质细腻温润，作品技法娴熟，整体设计纤巧合契，层次分明，线条流畅，雅致清远。背面上方由扬州知名书法家芮名扬老师亲自题写诗句，金字铭刻。综上，汪德海大师的雕琢与书法家芮名扬的题字，大大增添了这件碧玉山子作品的人文附加值。

最远的距离

再比如顾铭大师近年创作的《最远的距离》，用碧玉雕琢成一对情侣，两人背对背，各自看着手机，虽近且“远”。可以说，顾铭大师用碧玉作品来记录当代社会发展，充满时代印迹，彰显时代特征。

五、历史价值

历史价值，既包含了玛纳斯古代玉器的历史价值，也包括了其当代玉器的价值。玉器的历史价值在整个玉器的价值中占有非常大的比例，并且通常来说，年代越久远，其所占有的价值份额越大。

新疆玛纳斯碧玉矿在古代就已经开采，它的雕琢与使用历史悠久，清代即已闻名。早在200余年前的清代乾隆年间，玛纳斯碧玉的使用便已十分普遍，闻名遐迩。乾隆年间《钦定皇舆西域图志》，其记载准噶尔部土产云：“石名赤堆、沙碛之中多产五色石子，大者如拳，小者如梧子，光莹可爱。玉名哈斯，色多青碧，不如和阗远甚。”清嘉庆年间成书的《三州辑略》称：“玛纳斯城百余里，名清水泉。又西百余里，名后沟。又西百余里，名大沟，皆产绿玉。”乾隆五十四年封闭绿玉厂，禁止开采。多年不采玉使许多矿点不为人所知，直到1973年，北京玉器厂老艺人莫英根据在玛纳斯县城收购到的一块碧玉为线索，经数日的访问终于找到了碧玉矿床所在地，见到了乾隆年间开采玉矿的遗址，并于当年建立了玛纳斯玉矿。玛纳斯碧玉品种就此走入了当代人们的视野。

由此玛纳斯碧玉积淀了丰厚的历史价值，这也是玛纳斯碧玉无形却又珍贵的资本，这在评估玉器价值的时候都会有所体现。

清乾隆　碧玉雕天宝九如图笔筒[1]

1　图片来源：https://mp.weixin.qq.com/s/udGFpiSwkY_TjXcUIJm8pA

六、装潢及配件价值

一件优秀的玛纳斯玉器作品不单单玉器宛若天作，其配件也十分精致灵巧。玉器的配饰和附件也是一件完整的玉雕作品的有机组成部分，如木座、架子、木盒等都属于此类，这些附件的好坏也影响到作品的价值。以木座为例，一些名贵木料的价格往往高于普通木材价格的数百倍之多。此外，名家的木雕作品和不同流派的木雕工艺也会增加木座的价格，以此类推，木架与包装盒也基本如此。

玛纳斯碧玉雕刻品与配件底座结合，相得益彰

第二节　玛纳斯碧玉的精雕细琢

“雕琢”对玉器价值的影响，首先是凸显玉材固有的玉质美，这只有经过恰当的工艺琢磨才会充分展示出来，才能进一步有机地结合其艺术造型的表现能力；其次是表现在琢玉的工艺技巧上，运用不同的雕琢技艺使作品在设计理念的表达上更加丰富与饱满。

玛纳斯碧玉玉器作品很多，有玉山子、首饰、器皿、挂件等，其中最广为人知的便是玛纳斯碧玉山子，上文提到的著名玉雕大师顾永骏设计雕刻的《石刻聚珍图》便是山子雕的典型之作，同时也成为玛纳斯碧玉的一张名片。因此下述部分介绍玛纳斯碧玉的雕琢过程，以其最具代表性的山子雕创作过程为例，完整叙述雕琢的各工艺步骤。

玛纳斯山子雕作品形态多样，有大有小，既有巴掌大小、重不过数百克的小件，又有大至数米、重达数吨的巨型作品，但其主要工艺步骤大致相同，大致可分为：相玉与问玉、设计与画活、雕琢与治形、抛光和装潢这五个部分，列表如下：

总步骤	具体步骤	
相玉与问玉	了解玉料特点	形状—大小—颜色—透明度—质地—绺裂—杂质等
设计与画活	玉料进一步审查	形状—大小—颜色—透明度—质地—绺裂—杂质等
	设计	综合分析—确定题材与内容—确定主体画面位置—确定画面构图与布局—工艺的设计与分析
	画活（首次画样）	确定垂直线—铅笔勾样—毛笔或绘图笔描样—拍照留底图
雕琢与治形	细作	勾细样—精确雕琢—二次修整
	精细修整	处理细作过程中遗留的不足与容易磕碰的细微部分
抛光		磨细—罩亮—清洗—喝油、过蜡—擦拭
装潢		配座与配件

玛纳斯山子雕的工艺步骤

需要说明的是，上表中某些工艺步骤在操作上根据雕刻者的个人习惯会有轻微的出入，笔者是在总结一般规律的基础上按照玛纳斯碧玉山子雕制作的前后逻辑，尽可能全面地记录下每一个制作环节，并在下文中简要地介绍一下各步骤。此外，其他门类玉雕制作的一般步骤也与山子雕的过程相似，可作规律性参考。

一、相玉与问玉

在着手治玉之初对玉料充分了解的过程就是“相玉”，其实这就是选料与审料的过程。每一块玉石都有自己独特的面貌与特征，形状、大小、颜色、透明度、质地、绺裂、杂质等特点各不相同。相玉就是仔细观察玉料的上述特点，这个步骤是整个工艺过程中漫长且艰难的一步，其目的就在于确保对玉料的特点了如指掌，这个步骤需要反复的推敲与审度。

在对玉料的特性有了初步的了解之后，还需要按观察的情况进一步对玉料进行审查工作，这一步在玉雕行业中又被称作“问玉”。审查工艺包括：去皮、局部切开、挖脏、去绺、追色等，目的是更深入了解玉料特性，尤其是了解隐藏于玉料表皮之下的内部构造。相玉设计不同于绘画等艺术创作可随意自由地发挥，而必须要以考量玉料为前提进行被动性地创作，这是一个经验思维与创新思维相结合的创作过程。而在设计创作前，只有全面熟悉这块玉料，才能掌握设计与雕刻自主权。

在这个过程中，相玉是尤其重要的步骤，在此要展开加以讲解。在相玉的过程中，艺人一般会使用宝玉石鉴定灯仔细照射玉料表面，这样就可以观察到自然光线下无法看清的玉质特点，那么相玉所要做好的细节工作有哪些呢？

首先，观察玉料的形状。如前文在“材质价值”中提到的玛纳斯碧玉的产出类型主要包含山料、山流水和子料这三种。这三种料形形态与玉质特点各异，原则上均可制作山子雕，但治玉者通常选择形态圆润饱满的子料与山流水料较多。

其次，看颜色。玉料中所含的色彩差异很大，即使同样是玛纳斯碧玉，有的也夹杂着多种色彩，但绿色为基本的色调，其中菠菜绿为最优。

第三，了解玉的质地。质地，是治玉艺人评判玉料好坏的重要因素，在玛纳斯碧玉中，通常可以从皮子、透明度、光泽、硬度和料性这几个要素判别。

第四，查绺裂，辨杂质。玉是天然之物，完美无瑕的极少，多数都会有绺裂的分布，如不加处理则会影响作品的价值。同时，玛纳斯碧玉中也常见黑斑、黑点或玉筋，这些“绺”和“脏”都会对后面的雕琢产生影响。因此在观察玉料时，艺人们特别重视玉料中的这些“毛病”，在相玉中会仔细研究其特性。

第五，认识玉质分布状况。在一块玉料上，常常有玉质好与玉质差的地方，这种现象我们称之为玉的阴阳面。在山子雕中，一般主体画面会结合玉质较好的阳面进行设计与雕琢。

相玉的高明之处在于“匹配”二字，同一块玉料在不同人的眼中有不同的理解，那么如何找到最适合的题材？如何用雕琢来体现碧玉最大的价值？这些考量都是在相玉过程中要进行的设计思维，古代玉人所说的“一相抵九工”就是指好的设计在相玉阶段就有一个最为合适的构思，这可以使后面的琢磨事半功倍。

二、设计与画活

在经过相玉与问玉的铺垫之后，便可以开始着手设计与构思，构想玉器创作的题材、造型与装饰纹样，并将大致方案描绘到玉料上。下文中的很多雕刻技法的运用，创新的表达，都离不开精心的设计。在这一步骤中，该避开的绺裂和脏点，该运用的工艺品种都要落实在创作构思中和草图上。从大的角度讲，玉器的设计与构思跟中国传统艺术创作共同的特点是一致的，都讲究意境与韵致，具体的步骤和原则可从以下几点来看：

先是找到作品的正面，就是确定主体的创作位置。这个过程需要从各个角度进行观察和比较，从而找出颜色、质地、形态相对最好的面。

决定设计的题材，这个步骤要特别注意“量料取材、因材施艺”，要将碧玉玉料的特点和题材内容结合起来构思，以确定主题。

要结合主题进行布局，以确定画面的构图。在布局时要注意“远看生动、近看有活儿”。

艺人在设计的过程中，草图会经历反复修改和反复提炼，以达到满意状态和找出发挥材料最大价值的方案。

在设计完成后，接着就要在玉料上表现设计想法，这步就叫作“画活”。一般来说，画活会根据题材的不同，要重复多次进行，因后续的雕琢过程会把玉料上的勾画线条磨掉，因此按阶段来说通常会分为首次画样、二次画样、三次画样和勾细样这几个环节，除了首次画样，其余过程均穿插于雕琢过程之中。在首次画样后，艺人们多会进行拍照留底，以供雕琢时参考，且在此过程中，也要对后续工艺过程的设计进行技术分析，根据料性选择适合的琢制工具与方法，这往往要建立在艺人丰富的雕琢经验之上。

三、雕琢与治形

雕琢是将天然玛纳斯玉料变成玉器的工艺流程，也是将由二维设计图纸表现的雕刻设计者的设计意图施于立体玉料上的过程，它是治玉过程的主体，程序最复杂也最无章可循。“切”“磋”“琢”“磨”这四个字可代表这个过程中的主要工艺程序。

玛纳斯碧玉山子雕与其他玉雕品种基本一样，雕琢过程主要分为三步：坯工、细作、精细修整。

坯工阶段。“切”和“磋”的操作便主要运用于此阶段，目的是使玉料呈现出大致的轮廓。具体可细分为以下几个层次：第一步，切块分面——就是用锯片切掉无关的部分，从玉料中“出大形”，初步实现设计造型的大概轮廓，该步骤是后序雕琢的重要基础，顺序应先切大料，再切小料。第二步，平底——就是确定山子纵向的轴心和重心，使之与地平面保持一种平衡的关系，同时如果玉料的外形有缺陷时可进行外形的局部修整。第三步，掏空——山子雕表现的多为山腹空洞中的场景，因此，在玉料的主体位置上掏出一个洞来是山子雕的重要步骤，又称为“开窗”。

要注意的是，山子雕最讲求层次有空间感，因此掏空并非是一掏到底，而是要考虑设计的场景，清晰哪些该去，哪些该留，从而形成层次与立体感。第四步，二次画样——在经过前三步工序之后，玉料主体形态基本已显现，但画活部分的轮廓线已经消失或模糊，为保证下一步雕刻的准确性，需要在轮廓模糊的玉料上再次画样，此时不但要求对碧玉山子各部分位置的描绘准确无误，还要考虑为下一道工序打出余量，细节特征都要明确地交代。由于雕琢过程需对山子的细部反复推进，因此二次画样也常需多次进行。第五步，推落派活——就是根据二次画样的细节将一些块面继续向下推进，磨去一层，从而呈现出块面的高度差和连接关系。推落的过程应注意要先浅后深地谨慎进行，避免发生不可挽回的雕刻失误。派活就是指安排细部，对一些细部进行初步很浅的雕琢。推落与派活是联系紧密的两种工艺，往往要反复交替使用才能使山子造型越来越深入，越来越精准。第六步，阶段修整——此时包括两个工作：一是对大块面进行更仔细地分割，用更多的小块面来反映主题形象的细部；二是对前面操作留下的粗糙表面进行修整。修整的顺序同切块分面正好相反，要由内向外，先局部后整体。完成此步后，坯工阶段的工作就结束了。

细作阶段。细作阶段是对作品做进一步的精雕细琢，使之形象更加细腻逼真，逐渐表现出细微特征。具体可分为以下几个步骤：第一步，勾细样——就是要把画样形象的细部结构画到粗坯完工后的雕件块面上，把局部的细微内容准确、精细地勾画出来。需要注意的是，勾细样的精细度要远高于画活的勾“初稿”，

李健碧玉俏色作品

其每个细节均要清晰地勾画出来，且勾细样也与琢制过程相结合，要不断反复进行多次才能逐渐使想展现的造型完美准确。第二步，精雕细琢——就是在勾细样的基础上，对粗坯工艺留下的未做实的块面部位继续进行推落与精细雕琢。此步需要注意的是，对于雕琢中难度大的精细部分与容易磕碰损坏的部分要先保存好，放到最后完成。第三步，二次修整——二次修整就是对雕刻细节进行更准确更精致地刻画，磨平之前操作时留下的糙面与棱角，使玉器的细节更加清晰准确。至此，细工阶段的雕琢便完成了。

精细修饰，是雕琢过程中的最后一个步骤，在该环节中用最精细的工具将作品的造型修饰得更加完美，这主要表现在以下两点：一方面，处理前面工序中遗留的不足之处，如继续深入雕件中人物的脸部刻画和眼神、表情的处理，这是作品的点睛之笔；另一方面，完成雕琢中难度最大的精细部分和容易磕碰损坏的部分，如人物的指尖和植物细致的枝叶等。至此，整个雕琢与治形过程便已完成。

需要着重强调的是，玛纳斯碧玉的雕刻是做“减法”的过程，一旦雕刻过度，损失是不可逆。因此整个雕琢过程应先浅后深地谨慎进行，避免发生不可挽回的操作失误。

抛光是把经过精细雕琢后的玉器表面磨细至油润细腻或光亮镜面的效果。其主要程序有磨细、罩亮、清洗、喝油、过蜡与擦拭。

磨细，就是去除作品表面不平整之处。罩亮，就是使用旋转

雕刻、抛光工艺精良的顾氏碧玉山子作品

抛光工具，配合抛光粉用力摩擦作品表面，使其产生平整光滑的效果。

清洗。在罩亮之后，要把作品上的污渍清洗干净，可使用水洗、酸洗、超声波清洗等方法，这主要需根据碧玉作品的造型和污垢特点而定。清洗过后，部分作品要进行喝油与过蜡处理，这主要是为了使作品更加油亮，这样既可填平极其微小的不平之处，又可防止玉器表面被污染弄脏。

最后，用棉布对作品进行擦拭，细小处理不到的地方可用竹签辅助，整个抛光过程便完成。

与和田白玉不同的是，白玉子料雕件常被抛光至油润效果，以展现和田玉白玉子料温润的特点，而玛纳斯碧玉的雕刻作品，尤其山子雕件则多被抛光成亮面的效果以展现作品的华美气势。在整个抛光过程中需要注意的是，抛光操作时要小心谨慎地进行，不能伤害已做好的造型与纹饰，也不能使细节处变得模糊。

装潢是玛纳斯碧玉山子雕制作的最后一步，比如山子雕作品，就往往会配个底座和匣子，使之展示效果更加美观，摆放与运输过程也更加安全。底座通常为木质效果，配件则材质多样，但两者款式的设计均是依据碧玉作品的主题、造型和装饰图案而定，成品效果可与碧玉作品融为一体且能突出整件作品的艺术效果。木匣则主要是为中小型玉器作品定制的，玉器作品无论是材质价值还是工艺和艺术价值都非常珍贵，木匣的定制一方面利于作品的收藏与存放，另一方面也方便作品的携带与运输。

第三节　如何评价玛纳斯碧玉的雕与琢?

玛纳斯碧玉雕琢的评价标准因其种类的繁多需要分类进行：按功能性，现在市面上的大致可以分为玉石首饰、玉石把玩件、玉石摆件；按造型，玛纳斯玉器作品可主要分为碧玉器皿、碧玉人物、碧玉花鸟、碧玉瑞兽、碧玉山子、碧玉家具等。它的评价主要可以从玉料的使用、造型的设计、琢制工艺和配件这四个角度进行。其中，玉料的使用包括对玉雕原料材质的运用、形状的运用、颜色的运用、皮壳的运用和裂绺的处理这五个方面的评价；造型设计包括对玉雕作品相关设计的基本要求，如构图布局、纹饰线条、主题与题材、节奏与对比、陪衬物的处理等方面的评价；琢制工艺包括对雕刻琢磨工艺、打磨抛光工艺的评价；配件评价包括对装饰底座和配饰等因素的评价。在这部分，笔者主要结合玉雕工艺评价的国家标准（GB/T 36127-2018）来对玉器工艺的评价进行介绍。

一、玉料的使用

· 材质的运用

其一，应考虑玉雕原料的材质是否能够保证玉器的耐久性，这直接影响到玉器未来收藏与存放的安全性。

其二，玉石原料质地的特点是否被很好地利用，譬如均匀的玉料或者结构不均匀之处是否被很好地设计，产生独特的艺术效果。

其三，玉材上的一些特殊结构，譬如猫眼效应等特殊光学效应和特殊光泽等，是否被很好地利用。

· 形状的运用

其一，应考虑玉雕原料的形状特点，这对玛纳斯碧玉子料尤其重要，看其是否充分地利用了子料的天然形态。

其二，对原料形态的处理应美观大方，遵循力学平衡原则。

· 颜色的运用

其一，看原料颜色的利用是否与设计题材吻合，好的玉雕作品应巧妙地将作品创作融入玉石的颜色中，并充分展现出原料颜

冯铃碧玉俏色作品《暮色》

李健碧玉俏色作品

色的美感。

其二，满色的原料通过作品创作应充分展现其颜色的均匀性和最佳的色彩；颜色不均匀的玉料应对颜色作适当取舍，使作品中的色彩呈现层次感。

其三，颜色对比鲜明的原料是否很好地使用了俏色工艺，是否俏色分明、俏得巧妙，并很好地结合作品的主题表现。

· 皮壳的运用

皮壳运用的评价，主要是针对玛纳斯碧玉子料和部分山流水料，主要考量要素如下：

其一，对原料皮壳的利用是否与作品创作题材相吻合。

其二，原料皮壳是否取舍恰当，色彩与质地特点是否得到了充分且恰当的利用。

· 绺裂的处理

其一，玉雕中的重大绺裂应剔除，以避免影响玉器作品的耐久性与美观性。

其二，无法排除的绺裂，应巧妙地设计利用或合理地规避，以不影响玉器的美观性和耐久性为前提。

· 黑点的特征及使用

从世界范围内的碧玉矿来看，玛纳斯碧玉中的黑点是其一大特征，原料中夹杂的点状内含物，以及偶见的条带状淡色斑纹，已成为玛纳斯碧玉的“身份证”。长久以来，玛纳斯碧玉因其黑点，相比俄罗斯碧玉，在市场认可度方面不占优势，也受到玉石爱好者的褒贬。

但“存在就是合理”，玛纳斯碧玉的黑点也成为其仿古的一个特点。从清宫所藏众多玛纳斯碧玉器皿可以一览其独有的“古韵”。同时，有黑点的玉料，往往在颜色上要更加浓绿一些。颜色浓重，色相庄严，适合雕刻大件山水摆件或厚重古朴的器皿，很是大气磅礴，这也是为什么清朝宫廷有如此多御用的玉器是由碧玉制成的。

除了仿古，俏色也是玛纳斯碧玉黑点可以发挥的重要特色，玉不琢不成器，玉石中本来具有争议的特点换一个角度来思考，往往可以成为其雕刻工艺的鲜明特征。在俏色设计前应先深入分析黑点的分布特点，充分利用斑点和玉色，使雕刻主题与玉料特征相结合，提高作品的趣味性，从而使雕件的价值大幅提升。

二、造型设计与琢制工艺

· 器皿

设计情况的要求：

其一，器皿的整体造型应符合规制，体现规矩与端庄的特点；各部位的比例协调。

其二，整件作品的玉料在色调、质地选择上应一致，避免器盖、器身等部位的颜色差异。

其三，器皿造型与纹饰的设计都应符合整体性原则，各部分设计的匹配性高。

雕琢工艺的要求：

其一，器皿外形周正，各部位比例准确对称，棱角清晰，琢磨的地子干净平顺，不多不伤。

其二，膛壁厚度得当，厚薄均匀，且膛内不留“死角”，充分显出玉质美。

其三，器皿表面纹饰雕刻清晰，线条顺畅。

其四，顶钮、双耳钮以及对接子口等细节处理精致无误。

其五，若有活链、活环，则大小形状须一致，周正规矩，塔链变化有序。

其六，全器抛光平滑均匀、细节精致、不走形，子口平顺，

平安如意对瓶

推摇无响声。

· 人物

设计情况的要求：

其一，以人物造型为主要表现题材，造型结构准确、体态自然。

形象生动的碧玉人物作品（创作者：顾铭）

其二，可恰当使用夸张的艺术手法，对局部人体结构进行变形、变化，突出主题。

其三，服饰衣纹要随身合体，线条流畅，翻转折叠自如。

其四，群体题材的人物之间要注意整体性的把握，神情应有呼应，互为一体。

雕琢工艺的要求：

其一，人物雕刻造型比例协调，形体自然、细节琢磨到位，五官端正、形神兼备。

其二，雕琢符合人物形态客观规律，细致准确、平整顺畅。

其三，抛光方法运用得当，整体效果突出，细节清晰。

· 花鸟

设计情况的要求：

其一，以寓意吉祥的花卉品种为主要表现题材，构图主题突出、疏密有致、层次分明、意境深远。

其二，花卉品种表达准确，花形美观，枝叶形象生动，鸟虫结构比例准确，特征鲜明，形象生动自然，形态栩栩如生。

其三，当花卉、鸟虫与山石背景综合出现时，各元素间应匹配得当协调，且主次分明。

雕琢工艺的要求：

其一，鸟类形态特征鲜明，生动传神，工艺精细，顺畅自然，局部的雕刻手法运用得当。

其二，花卉的大小、比例适宜，层次清晰，工艺细节处理到位。树干、花草、石景、动物等搭配合理，疏密有致，相互呼应。

其三，抛光均匀，不走形，哑光与亮光手法处理得当，表面光顺细腻，细节清晰。

玛纳斯碧玉花鸟作品

· 瑞兽

设计情况的要求：

其一，可为神兽或者常规动物类，形态造型准确，特征明显，神态特征突出、形象生动。

其二，可恰当使用夸张的艺术手法，变形得体，写实写意完美结合。

其三，群兽组合时，动作神态应交相呼应，和谐统一。

其四，细节与纹样装饰的设计繁简适中、疏密有致，与主题相得益彰。

雕琢工艺的要求：

其一，瑞兽形体比例协调，特征雕琢刻画准确、形神兼备。

玛纳斯碧玉瑞兽作品局部

其二，四肢、肌肉、角、尾、毛发的细节工艺自然有力，形态精准。

其三，雕刻技法运用合理有序、流畅自然、工艺细腻。

其四，抛光方法运用得当，效果精细平顺、不走形。

· 山子

设计情况的要求：

其一，运用玉石原料天然外形，综合皮、色、玉质等各类玉料特点进行整体构思与设计，主题突出、层次分明。

其二，题材典故翔实准确，适当地赋予故事情节，使作品具有艺术表现力与人文内涵。

其三，作品正面、背面内容要统一协调，场景设计形成丰富

顾氏碧玉山子雕作品

的空间层次。

其四，人物与景物等各类造型的比例准确合理，形态自然，富有神韵与张力。

雕琢工艺的要求：

其一，块面线条平顺，注意虚实、繁简的工艺创作手法，布局错落有序，近大远小，比例正确。

其二，人物、亭台楼阁、山石花鸟、河流瀑布等景致雕琢细腻精准，深浮雕、浅浮雕、镂雕等技法运用恰当。

其三，抛光亮度均匀，细节精致，不走形。

·家具

设计情况的要求：

其一，家具的造型设计要与家具类型及设计风格统一协调。

其二，装饰纹样与图案符合整体家居风格，和谐统一。

其三，组合式碧玉家具的玉质用材及图案设计要有一致性和关联性。

其四，碧玉家具的设计，尤其桌椅的设计应符合人体工学，兼具使用的舒适性。

雕琢工艺的要求：

其一，家具的琢制形状规整，厚度适中，纹饰雕刻和工艺琢制的尺度与家具规制相匹配，繁简适度，工艺精细。

其二，组合性碧玉家具的规格和工艺都应具有一致性与关联性，风格协调。

其三，抛光亮度均匀，效果精细平顺。

被雕刻成家具的大件玛纳斯碧玉

三、装潢与配件

· 底座

其一，底座是玉雕制品的组成部分，制作工艺及风格应与玉雕制品协调。

其二，底座结构符合力学原理，保证玉雕制品平衡稳定。

其三，底座应牢固耐久。

· 配饰

玉雕作品的配饰应与玉雕的整体风格协调一致，具有良好的关联性，工艺精细。

· 匣子

其一，匣子的制作应与玉雕的整体风格协调一致。

其二，安全性与牢固性。

第四节　玛纳斯玉器的常见技法与作品欣赏

一、镂雕工艺

镂雕工艺是玉器制作中难度比较大的工艺，玛纳斯碧玉多种形制的镂空（如摆件镂空、挂件镂空、手把件镂空）造型多样，主要体现在雕件立体空间的层次感。

镂空雕刻的历史非常久远，历代玉器作品中，镂空工艺作品不胜枚举，可见古人对镂空这种透视视觉的喜好和重视。随着玛纳斯碧玉行业的发展，镂雕技法使当代作品的视觉效果符合现代人的审美变化，其形式大致分为三类——立体镂雕、平面镂雕和分层镂雕。其中立体镂雕作品最为常见且形式多样。

在当代玉雕的设计制作中，镂空工艺多是一种因原料的缺陷而常结合挖脏去绺的处理手法。在审料时用于镂雕工艺的碧玉原料必须质细性纯，最好没有裂纹，否则易造成断裂。玛纳斯碧玉镂雕技艺对雕刻工艺技法要求很严格，尤其多层镂空与复杂的立体镂空，一般是工艺成熟的玉雕师会使用的技艺。在雕刻时需要足够的耐心，要求施刀的手法与力度灵活适度，线与面的处理及各种造型的变化须服从主题内容的需要，使意、形、刀有机地融

玛纳斯碧玉镂雕工艺作品《玉龙戏珠》

为一体。即便是我们这类不从事雕琢工艺的欣赏者，看到一件件达到多层次精细镂空视觉效果的作品，也可想而知其工艺的要求难度。

二、俏色工艺

俏色，是玉雕工艺中最常见的工艺技巧，也是玉雕行业最看重的创作方法。俏色又称作“巧作”，是指运用玉料的天然色彩、纹理或沁色来巧施雕工，推至玛纳斯碧玉的俏色工艺，就是利用

顾铭俏色碧玉作品《踏雪寻梅》

碧玉的天然色泽与纹理进行雕刻，使一块玉料上的两种或多种颜色被运用得非常巧妙，这种工艺创作方法具有很高的趣味性，其创新题材非常广泛。说到俏色工艺，目前已知最早的俏色作品是出土于河南安阳小屯村北营的玉鳖，为距今3000年前殷商时代的和田玉俏色玉器，工匠巧妙地把握玉料的自然色泽和纹理特点，将原有黑褐色皮保留下来琢成鳖的背甲，头、腹、足均为青白色，黑色双目和白爪上都留着黑色爪尖，神韵天成，妙趣横生。

俏色讲求色彩优先原则，与绘画、陶瓷、珐琅等可根据需求任意着色上彩的技艺不同，它只能根据玉料的天然颜色和自然形态“因材施艺”进行雕刻。老艺人口里俏色工艺的要诀是：要绝、要巧，但不能花。“绝”和“巧”就是创作者构思要精巧，妙用俏色，而“不花”则是说明在创作时要分清主次，对缭乱的色彩有所突出和取舍，避免颜色的杂乱之感。优秀的玛纳斯碧玉俏色玉雕，可将同一块碧玉上的两种或多种色彩巧妙地设计和雕琢，布局精妙，展现出惟妙惟肖的作品画面。

俏色玛纳斯玉雕作品

三、薄胎工艺

在所有的玉雕工艺中，有一种工艺被人们叹为鬼斧神工，它可以将玉器的胎体磨制到很薄，这便是薄胎工艺。该工艺在清代之前并不多见，历史上对薄胎玉器的记载也不多，在清代从伊朗传来的“痕都斯坦式玉器”，即伊斯兰玉器，受到了皇室的喜爱，其中，薄胎工艺便是这种西域风格玉器的典型特点，由于乾隆本人酷爱，薄胎工艺开始发展、流行开来，成为“乾隆工”的代表技术。目前薄胎工艺的雕刻以器皿为主，它的制作技术主要包括“串膛”与“做花”，即薄胎掏膛与纹饰雕琢。

由于薄胎技艺难度高，专业性极强，目前从事薄胎工艺的玉雕师人数极少。

碧玉薄胎作品

薄胎器皿多选择碧玉、青玉和青白玉作为原料，经过该工艺的磨制可以使玉器变得轻巧无比，胎薄透光，这可以淡化青玉、碧玉的色泽，使玉质清透、碧玉胎薄。

薄胎玉器最大特点是器物胎体极薄，通常仅为 1—2 毫米，最薄之处有时甚至不足 1 毫米。玛纳斯薄胎玉器则主要以瓶碗杯居多，譬如各类薄胎茶杯、瓶、壶类的作品，在造型装饰设计上则以传统的形式为主。

四、琢字工艺

中国的琢字工艺历史悠久，虽于历代均有出现，但因为玉石原料本身的高硬度和文字书写要求的规范性，玉器的琢字工艺作品在清代以前总体数量不多。早期文字的琢刻以手工刻画为主，这在史前时期便已出现；借助砣具的刻写，则出现于商代，且以后在历代均有出现，是常见的琢字方式。在玉石材质上进行文字雕刻，是非常需要技术与耐心的雕琢技法，玉石原料本身的硬度非常高，这便十分考验雕刻师的琢字技术，其手法娴熟程度、手的稳定性以及砣具应用的熟练程度都将影响到作品的品相，而且对雕刻师的耐性也是极大的考验。玛纳斯碧玉硬度适中，韧性好，这些因素使得其成为琢字工艺极好的雕刻原料。随着治玉工具的革新和玉雕工艺的发展，琢制字体的技术已高度发达，优秀的玛纳斯碧玉琢字工艺玉器，其刻字造型结构优美，雕刻线条流畅，犹如以笔墨书写一般，抑扬顿挫之感尽显。

在雕刻中要注意书法起、承、转、合相互呼应。为了营造书法艺术的变化，除了在笔法上将轻、重、缓、急的笔端感受还原，还需有意将阴刻的深浅、向背做相应处理，于光影流转之间，显现出明暗对比的层次，让这些线条呈现出一些类似于墨色变化的效果。

五、环链工艺

环链工艺，是活环与活链工艺的总称，常出现于炉、瓶、塔、熏、坠等玉器形式中，在玛纳斯器皿中常见。活环与活链工艺最初可能源自玉石的钻孔技术，它的雕琢需大量的工夫与精力，因制作难度大故在明清之前较为少见。通过明清两朝发展，链雕工艺愈加完善，至乾隆时期，玉器的活环链雕达到巅峰。

活环工艺，是指玉雕中套取单个活环的技艺。活环工艺一般应用于器皿的颈部和腹部，且多呈左右对称状。活环的制作可分为掐环、断底、打眼、搜环、找圆这五步。活链工艺，又叫链子活，是指在玉雕中套取两个或两个以上的活环，且环环相连形成链条的技艺。活链的雕琢则可分为抽条、起股、掐节、脱环、修整这五个步骤，且整个过程要求精准，需做到环环相扣。

环链工艺的雕刻难在“取其材而不能离其体”。链条取材于玉器本身，确定取材部位以后，要凭借刚柔适度的工具与力度进行切割，削去多余的肉，挖空，取出每根链条的材料，安排好每节圈环的位置。这个过程，要求精准，要做到环环相扣，不能出

玛纳斯碧玉活环工艺器皿

玛纳斯碧玉环链工艺器皿

半点岔子。

在所有的玛纳斯碧玉作品中，活环链雕多用于器皿的雕刻中，常常与立雕、镂空雕玉器结合，给人一种更加强烈的视觉冲击，起到锦上添花的作用。

六、错金银工艺

错金银工艺又名金银错工艺，是用金银丝在石玉的表面上镶嵌成花纹或文字。它的制作原理就是利用了金、银良好的延展性，在玉器的表面琢出纹槽，将金或银丝敲入沟槽之内，再将金

马进贵碧玉错金夔龙纹茶具系列作品

银丝及玉器表层磨错平滑而在玉器上形成的各类装饰图案。

错金银工艺的应用历史悠久，其最早出现于青铜器上，主要作为各种器皿、马车、兵器等实用器物的装饰图案。随着生产力与新技术的发展，错金银技艺逐渐与玉雕工艺相结合，到清代常见于痕都斯坦式玉器中。在碧玉的治玉中，金银与碧玉的油润光泽相互映衬，使碧玉更显雍容华贵、绚丽多彩。

即便在当代，错金银工艺在玉雕技艺中依然属于极具特色的工艺品种。现代的雕刻者又重新把这一富有传统文化气息的工艺在创新的基础上与玉器的雕琢相结合，创作出更多优美的作品，玉雕艺术的多元化也使得碧玉错金工艺作品逐渐成为玉器界的新宠。

七、玛纳斯碧玉山子欣赏

精美的玛纳斯碧玉山子通常由上等的玛纳斯碧玉原料琢制而成，体量硕大，色泽浓郁，油润度极佳。在作品的创作中，作者会结合深浅浮雕、镂雕和圆雕等多种雕刻技法雕琢出一幅内容丰富的故事画面。

玛纳斯碧玉山子

第六章　玛纳斯碧玉文化产业发展

第一节　玛纳斯碧玉文化产业的重要意义

一、玛纳斯碧玉产业是新疆最具特色的产业和旅游资源之一

2014年，习近平总书记在南疆调研时提到玉文化产业发展，这为玛纳斯碧玉产业的发展带来了历史性的机遇。玛纳斯产碧玉，世界闻名，作为“中国碧玉之都”的玛纳斯，要用好玛纳斯碧玉这个金字招牌，规范玉石开发、交易秩序，着力提升玉石加工业水平，推动建立玛纳斯碧玉交易中心，办好玉石文化旅游节，把玉产业做成玛纳斯的一个大产业，努力把玛纳斯建成全国知名的玉石生产、加工、交易中心。要依托玛纳斯特有的旅游资源，打造一批精品景区，推动旅游产业向更高水平发展。

按照《新疆维吾尔自治区文化事业“十二五”发展规划》的要求：“大力发展文化产业，充分利用新疆文化资源，打造文化品

牌，加强文化市场管理，推动文化产业实现跨越式发展。”根据有关数据统计，新疆旅游业近年保持在每年4000万人次以上，玛纳斯碧玉是新疆主要的旅游产品，是新疆旅游产业的重要组成部分，而由于产地的唯一性，可以说，玛纳斯碧玉已经成为新疆的名片，提起新疆，人们就会联想起玉石，“南有和田玉，北有玛纳斯碧玉”，作为与和田玉齐名的玛纳斯碧玉，玛纳斯出产的碧玉已成为当下中国人投资收藏的最佳选择之一，资源优势明显。

作为原产地，玛纳斯碧玉产业消费市场仍潜力巨大，发展新疆玛纳斯碧玉产业，成立玛纳斯碧玉交易中心，带动整个产业链发展，可以极大促进昌吉州和玛纳斯县相关旅游产业的发展，推动文化传播。

二、玛纳斯碧玉文化是新疆“以文化为引领”的有效抓手

十八大以来，习近平总书记多次在重要场合提到或专门论述中国优秀传统文化的历史影响和重要意义，并赋予其新的时代内涵。2015年12月30日，习近平总书记在主持学习中共中央第二十九次集体学习时指出，必须尊重和传承中华民族历史和文化。要努力从中华民族世世代代形成和积累的优秀传统文化中汲取智慧，延续文化基因，萃取思想精华，展现精神魅力。

细数中华文化的宝贵遗产，其中，玉作为中华灿烂文明中的奇葩，自8000年前延续至今，见证了中华文明形成和发展的全过程，我国近代地质学家章鸿钊在《石雅》一书中写道：“夫玉之为

物虽微，使能即而详焉，则凡民族之所往反，与文化之所递嬗，将皆得于是征之。”传承和弘扬中华玉文化，功在当代，利在千秋。

玛纳斯碧玉是新疆的名片，是“金字招牌”，更是中华文明的物质载体，是我国优秀传统文化里的精华，玛纳斯碧玉承载着中国人的道德精神，把玛纳斯碧玉文化融入新疆精神中，弘扬玉德中真善美的品质，“以玛纳斯碧玉文化为引领”，在新疆营造文明礼仪的行为方式和道德标准，契合社会主义核心价值观培育的要求。

三、玛纳斯碧玉文化可以凝聚新疆各族人民对中华文化的认同

玉石产自新疆，却在中原开花结果，这是中华民族统一共融、共同繁荣的确凿证据，也是我国西部和中原地区几千年来文化和物质交流的最有力证明，玛纳斯碧玉开发历史悠久，又是清朝的“皇家玉矿”，可以说玛纳斯碧玉文化是中国各族人民共同创造的、多元一体、融合开放的特殊文化形式，也是最具有地域性的新疆特色文化之一。

通过传播玛纳斯碧玉文化，可以不断增强新疆各族人民对国家、对历史、对中华传统文化的认同，起到“文化认同”的作用。

四、玛纳斯碧玉产业可以带动就业，改善民生

根据《创建自治区民生工业示范基地管理暂行办法》(新经

信法规〔2012〕189号)要求，支持“自治区县(市)区域内、就业容量大、具有地域和民俗特色的工艺美术品制造业”。玛纳斯碧玉加工属于手工业行业，整个工序很大程度上需要手工操作，是劳动密集型产业，同时其加工过程具有耗能少、无污染的特点，非常适合南疆人口多、劳动力价格低的特点。

支持新疆玛纳斯碧玉产业发展，使之成为新疆工艺美术行业的特色产业，成为新疆工艺美术的亮点，促进当地玛纳斯碧玉采掘、原料销售、旅游产品的加工，带动当地玛纳斯碧玉行业发展，从而扩大就业，促进民生改善。

五、玛纳斯碧玉文化及产业可以作为丝绸之路经济带的文化引擎

作为地域特色与中国特色双重特点的玛纳斯碧玉文化及产业，玛纳斯碧玉是中国文化软实力的物质载体之一，通过弘扬玛纳斯碧玉文化，可以扩大我国与丝绸之路经济带沿线国家的文化交流与合作，一方面传播中华玉文化，促进丝绸之路经济带沿线国家对中华文化的认同，另一方面，也可通过玛纳斯碧玉文化宣传新疆形象，拓展文化走出去和请进来平台建设，把玛纳斯碧玉文化和产业作为新疆在建设丝绸之路经济带中独具特点的文化引擎。

第二节　新疆玛纳斯碧玉行业发展现状

全疆玉石市场以乌鲁木齐为中心分成南、北、东疆三大块，南疆以喀什、库尔勒、阿克苏为代表，北疆以伊宁、奎屯、石河子、玛纳斯、克拉玛依为代表，东疆以吐鲁番、哈密为代表，其中玛纳斯、喀什、吐鲁番以游客为主要销售对象，玛纳斯县为碧玉原料和成品主要贸易基地。全疆玉石市场主体由大中小型企业及零散个体户组成，大企业主导市场，中小型企业支撑整个市场。据相关部门统计，目前在新疆境内经营玉石的企业共有3500多家，其中大部分是小型企业或玉器商店，以家庭式小企业居多，有实力、成规模、运作规范的企业只有20家左右。

玛纳斯县碧玉产业具有集聚性，玛纳斯县有两个规模较大的碧玉专业市场，玉雕厂（加工点）、玉石经营商铺近200家，据玛纳斯县工艺美术协会介绍，2017年碧玉产业产值达23.62亿元，销售额17.72亿元，碧玉产业产值占生产总值的比重呈逐年上升趋势。玛纳斯碧玉相关从业人员截止到2019年年末已近万人，从业人员由以下几部分组成：第一是捡玉采玉人员，主要分两种，一是机器采挖，二是人工捡玉，人工采挖基本以玛纳斯河上游的哈萨克牧民为主；第二是贩卖玉石人员；第三是经销玉石企业和人员，主要集中在中华碧玉园；第四是加工玉石企业，玛纳斯地区玉石加工人员主要有本土玉雕人员和外来人员。综上所述，玛纳斯地区玉石从业人员估算在8000左右，在农闲期间采挖人数会增至10000多，但玉石产业基本以碧玉原料简单采挖和成品销售为主，属于产业链的中低端。

近年来，玛纳斯碧玉文化产业取得了长足发展，主要做法如下：

一、地方政府高度重视，顶层设计助推产业发展

玛纳斯县连续数任领导高瞻远瞩，久久为功，弘扬中华优秀传统文化，发挥县域优势，聚焦特色产业，规划并建设了新疆最大的玉石文化产业园——中华碧玉园，成为玛纳斯碧玉文化产业乃至全疆文化产业发展的亮点。中华碧玉园的投入使用，全方位地拓展了碧玉产业链，将玛纳斯碧玉原产地变成集散地，将玛纳斯碧玉零售地变成批发地，有力促进碧玉产业和旅游产业的融合。据了解，2014年玛纳斯县文化旅游协会成立，下设珠宝玉石首饰、收藏家和餐饮等多个行业分会，建立多行业间的联动服务体系，搭建和国内外碧玉文化交流和旅游产业发展平台，有力助推了玛纳斯碧玉文化产业发展。2014年，以玛纳斯碧玉为材质的碧玉产品入选新疆礼物，更多地为疆外玉石爱好人士所了解。

二、连续举办碧玉文化旅游节，促进产业融合发展

作为全国唯一的以碧玉为平台的文化旅游节，玛纳斯碧玉文化节自2009年举办首届以来，通过结合玛纳斯县域特色，每届碧玉节都在不断创新，规模越来越大，名气越来越响，对于助推玛

纳斯碧玉文化产业发展，弘扬中华玉文化，传播玛纳斯县经济社会文化等各领域起到很好的作用。

2012年，玛纳斯碧玉文化旅游节作为昌吉州唯一一个旅游节庆活动荣升为自治区级旅游节庆活动，并从此更名为“新疆玛纳斯碧玉文化旅游节”，由新疆维吾尔自治区旅游局和昌吉州人民政府联合主办，玛纳斯县委、县政府承办，当年吸引疆内外游客近30万人次，拉动消费3亿元，社会影响巨大，碧玉品牌效益突出。

2014年，新疆玛纳斯第六届碧玉文化旅游节通过有效地整合全县的旅游资源，确定了“天山金凤凰、碧玉玛纳斯”的文化品牌，探索出了“政府主导和市场化运作”节庆活动新模式，由玛纳斯旅游协会牵头组织布展、招商、展位管理、广告制作等工作，吸引了疆内外众多客商参展。邀请了央视《寻宝》栏目走进新疆玛纳斯第六届碧玉文化旅游节，策划了“故宫博物院藏清代碧玉器与玛纳斯”在北京故宫展出活动。

2016年，玛纳斯县被授予“中国品牌节庆示范基地”，新疆玛纳斯碧玉文化旅游节获得“新疆十大旅游节庆”奖。

2016年，新疆玛纳斯第八届碧玉文化旅游节在第六届中国民族节庆峰会上被授予“最具创新价值节庆”，开展了故宫博物院藏清宫玛纳斯碧玉文物复制品专题展，并创新活动方式，由县政府与中国马术网等合作，推出玛纳斯骑马探玉文化之旅。

2018年，新疆玛纳斯第九届碧玉文化旅游节暨丝绸之路核心区葡萄酒产业发展大会在玛纳斯中华碧玉园举行。此届文化节打出了“碧玉+葡萄酒”特色产业的招牌，中国食品工业协会为玛纳斯县颁发了“中国葡萄酒之都”证书及牌匾，中国酒业协会颁发“全国首家酿酒葡萄认证小产区”证书。

2019年，更名为新疆玛纳斯第十届碧玉文化旅游节暨首届乡村文化旅游季。此届文化旅游节更趋成熟，中华碧玉园吸引了更多优秀的碧玉加工企业落户，碧玉文化产业得到拓展和延伸，玛纳斯县大力推动文旅产业融合，深度挖掘文旅“富矿”，逐步形成了“赏碧玉、游湿地、观天鹅、穿林海、品美酒”等特色精品旅游线路和乡村旅游文化，游客人数较往年又有了新的增长。

如今，玛纳斯碧玉文化节已成为全面展示玛纳斯县独特魅力与深厚文化的城市名片。

三、与故宫博物院深度合作，挖掘玛纳斯碧玉文化内涵

玛纳斯县发挥玛纳斯碧玉“皇家玉矿”的优势，与北京故宫博物院、台北故宫博物院积极开展碧玉文化学术交流。2014年，在故宫博物院开展为期一个月的“故宫博物院藏清代碧玉器与玛纳斯”展览，同时出版了《故宫博物院藏清代碧玉器与玛纳斯》图录。2015年，中国文物学会玉器专业委员会年会在玛纳斯召开，并出版发行了故宫博物院研究清代碧玉器的第二部专著《乾隆宫廷玛纳斯碧玉研究》。通过玉文化年会的召开，再次确认故宫博物院藏清代碧玉器大多为玛纳斯碧玉，这一论断，对于推动以玛纳斯碧玉为主题的旅游产业的发展起到推波助澜的作用。

四、创新宣传推广方式，提升玛纳斯碧玉产品影响力

与故宫出版社、故宫文化传播公司签订了联合研究与开发玛纳斯碧玉的十年合作框架协议，同时购买了故宫博物院“天府永藏”商标使用权和对故宫博物院藏碧玉文物复制、文物衍生品开发的权利。2015年，玛纳斯县与故宫博物院签订了第一批8500万元碧玉文物复制合同。历经一年的打造，完成复制故宫博物院藏六件碧玉作品共2929件，并在第八届碧玉节期间，开展了故宫博物院藏清宫玛纳斯碧玉文物复制品专题展，首次将玛纳斯碧玉高贵的血统向游客展示。这对于提高玛纳斯碧玉的知名度和市场占有率具有特别重要的意义。2016年，玛纳斯县与中国马术网等合作，推出玛纳斯骑马探玉文化之旅，在国内引起强烈反响。

五、拓展多方渠道，加快碧玉产业人才队伍建设

以校企合作模式，在玛纳斯中等职业技术学校建立玛纳斯碧玉培育基地，开设专业课程，培育技术人才。借助莆田援疆平台，一是组织玉石商户连续七届参加海峡工艺品博览会，为宣传玛纳斯县碧玉产业发展起到了重要的促进作用。同时，通过这个平台，玛纳斯碧玉作品获得50多项奖项。二是每年还举办各类培训班、论坛，开展两地交流等活动，培育了一批玉石雕刻、鉴赏等专业人才，推动了玛纳斯碧玉工艺提升、产业发展、文化传播深

度融合。三是结合地方产业特色，玛纳斯县创新玉石经营模式，从“互联网+碧玉”产业上取得突破点，创建了玉石电商平台“玛纳斯碧玉商城”，进一步把玛纳斯碧玉产业推向全国。

六、《玛纳斯碧玉国家鉴定标准》出台

2012年9月，国家正式发布了玛纳斯碧玉地方标准，这是全国首部地方标准。该标准对玛纳斯碧玉的定义、分类、鉴定方法、鉴定特征以及质量等级都做了详细而明确的规定，对规范玛纳斯碧玉的鉴定、贸易以及市场秩序提供一个客观依据，同时为保护玛纳斯碧玉文化产业提供了有效的技术性保证。2015—2016年，在对玛纳斯玉矿带进行实地踏勘、收集遗迹资料的基础上，确定位于玛纳斯南部山区的萨尔达腊玉矿、吉郎德玉矿、博尔通古玉矿曾是清代出玉处。玛纳斯县联合中国地质大学和新疆地矿研究所联合编制《玛纳斯碧玉国家鉴定标准》，修建了玛纳斯碧玉质量监督检测中心，该中心具备检测玛纳斯碧玉、珠宝、玉石等功能，检测后可为检测品出具鉴定证书，并于2015年获得自治区质量技术监督局资质认定，成为全疆首家检测玛纳斯碧玉的检测中心，这改善了玛纳斯碧玉行业“无章可循、无价可循、无规可循”的局面。此举将推动玛纳斯碧玉金融资本的加速实现，并为新疆玛纳斯碧玉石交易中心产品上市奠定了标准化基础。

七、故宫博物院助推玛纳斯碧玉产业发展

北京故宫博物院是在明、清两代皇宫及其收藏的基础上建立起来的中国综合性博物馆，也是中国最大的古代文化艺术博物馆。目前，故宫内藏有2万多件器皿，有2000多件是碧玉器。其中，清“二十五宝”中的“敕命之宝”“天子行宝”“皇帝行宝”“垂训之宝”皆用玛纳斯碧玉所制。此外，乾隆武功十全之宝、乾隆御题碧玉光素大盘、碧玉光素直口碗等都是玛纳斯碧玉的珍品。据故宫博物院研究员张广文介绍，故宫中的清代碧玉具有玛纳斯县提供的标本上的特征的还有很多，应该说在故宫的清代碧玉中，玛纳斯碧玉占大多数。

2014年，玛纳斯县与故宫博物院联合完成三项文化合作交流活动：从故宫古器物部遴选清代碧玉文物110件（套），于8月16日至9月16日在故宫举办了“故宫博物院藏清代碧玉器与玛纳斯”实物展览；与故宫出版社合作，联合出版《故宫博物院藏清代碧玉器与玛纳斯》图书；与故宫联合，邀请全国知名的地矿学专家、玉石研究专家、文献研究学者、收藏界人士20余人，在故宫举办了玛纳斯碧玉专题研讨和学术交流会。

与故宫的合作，开启了高层权威机构研究新疆玛纳斯碧玉历史文化通道，提升了新疆玛纳斯碧玉在世界玉石文化行业的历史地位。当时故宫博物院院长单霁翔高度评价说，故宫与玛纳斯的合作开创了三个第一：世界独一无二的故宫与县级合作是第一次；故宫举办碧玉文物专题展览是第一次；在短短的4个月当中，

完成举办展览、出版发行图书、召开研讨交流会三件大事，在故宫历史上是第一次。

“故宫博物院藏清代碧玉器与玛纳斯”展览共展出故宫博物院藏清代碧玉器共110件(套)，涵盖陈设器、日用器、文玩佩饰、仿古器4个方面，器型有插屏、花插、碗、盘、杯等。包括

《故宫博物院藏清代碧玉器与玛纳斯》图书

清代碧玉刻诗仙山楼阁图山子、碧玉西园雅集图笔筒、碧玉兽面纹兕觥等珍品，这些碧玉作品造型多样、厚重古朴，是故宫博物院玉器收藏中的精品。与碧玉器同时展出的还有玛纳斯县当代开采的标本26块。文物与标本同室陈列，以期促进玉材之间的对比研究。

第三节　新疆玛纳斯碧玉石行业存在的问题和思考

一、缺乏玛纳斯碧玉产业的监督管理机构和产业政策

千百年来，新疆产的玉石不仅是特殊的矿产资源，更是一种特殊的文化资源，改革开放以来，政府对玉石的开采和管理缺乏更加宏观的顶层设计，最重要的原因在于缺乏专门的管理机构，比如说玛纳斯县对于出产的玛纳斯碧玉子料和山料，主要由自然资源部门管理，但是相关的管理人员严重不足，山料开采的监管更是有限，往往距离监管地几十公里甚至上百公里，鞭长莫及。这就造成了大量的玉石资源流失于民间，开采无法监管，销售无法监管，相应税收也流失了。

作为隔壁“兄弟”，和田出产的和田玉石经过近几年的产业发展规划和市场培育，已由最初的无序开发逐渐走向正轨。经自治区各部门、地方政府和和田玉行业协会的共同推动，2016年新疆和田玉石交易中心在和田成立。

云南对于翡翠行业、上海对于钻石行业都有成熟的管理办法。云南的翡翠行业的快速发展，得益于云南省委、省政府的高位推动。云南省政府每年拿出4000万元作为产业扶持资金，全力支持全省范围内的翡翠产业发展，各地均有专门的扶持引导政策。云南省腾冲市还成立了19家部门负责人联合参与的翡翠产业发展领导小组，设立了专责办公室；政府每年拿出1000万元作为腾冲市产业发展引导资金；制定出台了《关于加快翡翠产业发展十条意见的实施细则》，从制度上为翡翠产业发展提供保障，有力地推动了云南翡翠产业的快速发展。

上海钻石交易所（简称“钻交所”）能取得今天的成就，离不开“上海钻石交易管理协调小组”和“上海钻石交易联合管理办公室”发挥的作用。2006年10月27日，上海市委、市政府批复设立“上海钻石交易管理协调小组”，即负责审议上海钻石交易管理工作中的重大事项、制定上海钻石交易中心规则、审议钻石产业的规划及相关政策的议事协调机构。而钻石办公室该机构成立于2000年4月，经国务院批准，受商务部和上海市政府领导，是由商务、海关、税务、工商管理、检验检测、外汇管理等政府职能部门联合组成的政府管理机构，对全国一般贸易钻石出口、上海钻石交易所内钻石交易实行联合管理。

上面两个机构的设立，对于上海钻交所的运行起到了决定性的作用，为后来钻交所申请钻石进出口管理、税收政策调整以及产业规划打下了坚实基础。上海并不产钻石，云南也很少产翡翠，却都成立了专门机构，而玛纳斯产碧玉，亟须成立专门的管理玉石机构，对玉石的开采、销售、流通等环节进行有效监管，进而制定玛纳斯碧玉产业发展的政策，为打造新疆玛纳斯碧玉产业打下制度基础。

二、具有“资本化、金融化、公信力”的玛纳斯碧玉交易平台缺失

以往玛纳斯碧玉的交易是传统、自发的交易，交易在对象匹配、玉石价格制定、交易流程环节上都采取非公开的交易方式，从而难以获得市场的公允价格，难以发掘玉石的真实价值，大大降低了玉石交易的规模、玉石的流动性与交易的规范性，制约了玉石行业的产业化发展。玉石产业是资金相对密集的产业，产业发展需要资金周转，投资收藏家与消费者需要变现渠道，玛纳斯碧玉产业需要完整的交易链条，但由于全国没有公信力较大的交易平台、没有权威的玛纳斯碧玉价值评估机构，金融机构对玛纳斯碧玉这个新兴的投资标的缺乏信贷经验，缺乏玛纳斯碧玉高端金融服务平台和风险管理机制，使得金融机构参与玛纳斯碧玉投资比较谨慎。

按照现代文化艺术市场的发展规律，玛纳斯碧玉行业亟须建立一个第三方玉石交易平台，通过其交易组织、信息发布、资金中介、金融服务等功能，实现玉石的价格发现、风险规避、资金融通及规范交易的功能。中国玛纳斯碧玉市场的“资本化”“金融化”是产业发展的必由之路，金融机构等资本的进入，实现玛纳

斯碧玉资产化，完善玛纳斯碧玉的价值评估机制、流转机制，需要玛纳斯碧玉交易平台的设立。

三、新疆玛纳斯碧玉产业发展的人才培育及教育体系亟待加强

玛纳斯（石河子、沙湾）作为玛纳斯碧玉的原料产地，吸引了大量来旅游的顾客前来选购玛纳斯碧玉饰品与雕件。新疆虽然有众多的玉产业从业人员，但大部分是商户，玉雕创作人才相对匮乏。相比苏州、上海、扬州、北京、河南、广东，玉石创作的整体水平也略低，行业内一直都认为新疆“有玉无雕”，很多在新疆售卖的玉雕作品有一大部分都是在内地雕刻好再回流到新疆进行销售，一来二去，新疆留不住加工人才，很大一部分收入也没有能够留在新疆，玛纳斯碧玉产业链条在当地并不完整。

玉产业的人才队伍建设，不仅仅是玉石的雕刻加工人员，还有玉文化的研究和推广人才等。玛纳斯碧玉行业经过近年的快速发展，产业规模日趋成型，但具有传统玉文化传承能力的人才不足，而创新型人才更少，这也和人才培养体系的缺失有关。

第四节　玛纳斯碧玉文化产业发展的路径

一、设立专门机构助推产业发展

玛纳斯碧玉产业发展需要政策的引导，政策的出台需要机构的设立，从长远来看，玉产业作为新疆的特色产业，政策优惠、市场培育、行业发展、规则制定等都需要政府的引导，作为玛纳斯碧玉产业健康发展的领导保障，当地可成立新疆玛纳斯碧玉产业发展协调小组（以下简称“协调小组”），常设新疆玛纳斯碧玉交易联合管理办公室，负责玛纳斯碧玉产业发展的组织、协调工作，协调自治区有关部门及相关专家出台涵盖全面的产业发展扶持政策。

二、成立玛纳斯碧玉交易中心

玛纳斯碧玉交易中心是玛纳斯碧玉实现资本化、金融化的必由之路，是中国艺术品市场的内在发展规律。玛纳斯碧玉交易中心的设立，对玛纳斯碧玉市场的规范及健康发展有着重要的促进作用：它将迅速提高玉石交易效率，大大降低交易成本；增加政府的税收，增强行业的诚信度，促进产业发展；保证了交易的质量，有效地防止假冒伪劣产品的流通；促进市场繁荣，带动周边产业的发展；供需双方通过互联网交易，扩大了市场容量，形成了全国统一的大市场；解决玛纳斯碧玉的退出通道问题。

第一、玛纳斯碧玉交易中心是整合玉石行业要素市场、核心企业、产业链上下游、金融机构、投资人和消费者等产业关键资源的平台。

第二、玛纳斯碧玉交易中心模式，可优化和重构玉石产业链各个环节，打通线上和线下，服务实体经济，实现玛纳斯碧玉石原料交易、结算、投融资、物流仓储、风险对冲为一体的金融服务闭环。

第三、玛纳斯碧玉交易中心的成立，基于公开、公平、公正、规范、第三方服务的原则，便于整合玉石产业的各个链条和相应资源，促进玛纳斯碧玉资本化和产业化步伐，解决“交易难、融资难、变现难”的行业困境，形成可持续发展的玉石产业链生态圈。

第四、玛纳斯碧玉交易中心的成立，对于玉石原料交易、培育市场、繁荣玉雕艺术创作、引导玛纳斯碧玉投资收藏和消费、扩大就业、促进地方和区域经济发展、传承与发展中国玉文化、不断满足人民群众日益增长的物质文化需求意义重大。

第五、作为玛纳斯碧玉行业最权威的平台，玛纳斯碧玉石交易中心可以形成玉石产业链的大数据，形成玛纳斯碧玉收藏品数据平台、玛纳斯碧玉原石子料的数据平台、纳斯碧玉矿区原料产量的数据平台、旅游营销玛纳斯碧玉文化艺术的网络平台等。

当前，玛纳斯县建立玛纳斯碧玉交易中心各方面条件均已成熟。该交易中心的建立，通过创新玉石产业发展模式，建立现代运营管理制度，打造玛纳斯碧玉国际集散平台，有利于进一步规范玛纳斯碧玉特别是原石交易秩序，激发玉石市场竞争活力，保护税收，扩大财源；有利于弘扬玛纳斯碧玉文化，提升“中国碧玉之都”品牌形象，推进玉石、文化、旅游产业繁荣发展，必将促进玛纳斯地区产业结构调整，转变经济发展方式，拉动地方经济发展，增强自我“造血”功能。

三、设立新疆玛纳斯碧玉专业职业技术学院

产业要发展，就必须有产业发展必备的人才，并加大人才的协作参与，一方面解决就业问题，另一方面也能增加该产业的社会影响力。像陶瓷产业，江西景德镇1998年就成立了景德镇陶瓷学院（现更名为景德镇陶瓷大学），是全国31所独立设置的本科艺术院校之一，我国首批自助招收艺术类本科生和有资格招收享受中国政府奖学金攻读硕士、学士学位留学生的高校之一。2013年7月，被国务院学位委员会增列为博士学位授予单位，为我国的陶瓷行业发展贡献了大量的人才。

作为玛纳斯碧玉的“同胞”，和田玉文化产业就走上了“产学研”发展的道路。为了助推和田玉产业发展，新疆职业大学传播与设计学院（宝玉石专业）冠名为新疆职业大学和田玉玉文化学院，专门从事和田玉文化传播，此外新疆职业大学与新疆和田玉文化创意产业园合作，建立新疆和田玉文化产业研究中心，形成了校企合作“双主体”办学的教学平台，平台的建立搭建了一

个从“玉石原料识别、产品设计、生产加工到成品营销”完整的和田玉产业及教学链，能够全面服务于宝玉石鉴定与加工技术专业人才培养过程，践行了校企“合作办学、合作育人、合作就业、合作发展”的四合作模式。目前产业园具有“一院、四个中心、六个大师团队、二十个工坊”的玉雕产业发展平台，产业链日趋完善。

玛纳斯碧玉文化产业目前已经具备了基本条件，可通过整合现有资源，设立玛纳斯碧玉专业职业技术学院，开设与玛纳斯碧玉产业相关的专业，培养玛纳斯碧玉产业的检测鉴定、设计雕刻、营销服务等多方面人才，为玛纳斯碧玉产业的发展提供支持。学院可聘请疆内乃至全国范围内的玉文化学者、玉雕大师、行业内领军人物，在全疆乃至全国范围内宣传玛纳斯碧玉文化，对玛纳斯碧玉文化进行系统性整理和研究；负责培养玛纳斯碧玉文化的推介人才，研究制定玛纳斯碧玉文化推介人才职称等级标准并组织评定；制定并实施玛纳斯碧玉文化宣传规划，把玛纳斯碧玉文化打造成新疆的特色文化。

四、制定玛纳斯碧玉产业发展规划

日拱一卒，功不唐捐。玛纳斯碧玉产业发展是玛纳斯县乃至全疆的特色文化产业，需要久久为功，从中华优秀传统文化传承和新疆特色文化产业的高度进行顶层设计，制定中长期发展规划。经过了十几年的市场培育，玛纳斯碧玉产业已初具规模，中华碧玉园的建成为玛纳斯县建造碧玉生产交易全产业链打下坚实基础，作为“天山金凤凰”的玛纳斯县已筑好巢，接下来需要制定人才吸引和招商引资政策，进行“引凤”，吸引更多从业人员来玛纳斯县，促进碧玉产业可持续发展。

从当前看，中华碧玉园的入住率还不是很高，玛纳斯县可通过制定产业发展优惠政策方式，就中华碧玉园进行功能规划和招商引资，吸引全疆乃至全国的玉雕从业人员入驻，入驻产业园的玉雕师和商户可以在购房、孩子上学等方面给予政策倾斜，特别是对于具备高级职称的玉雕人员，可以给予更优惠的政策。利用3到5年时间把中华碧玉园打造成北疆玉石产业最大的集散地。

从长远来看，面向国内，玛纳斯县可对标河南南阳镇平县，不断吸引玉石从业者进驻玛纳斯县，打造成全国玉石产业集散地之一；面向国外，玛纳斯县可通过发挥碧玉产地的标签作用，通过与世界其他碧玉出产地区对接，打造成“全世界碧玉产业之都”，并形成向西辐射中亚西亚、向北辐射俄罗斯东欧地区的世界玉石交易中心。

五、结合“一带一路”倡议大力宣传中华玉文化

作为“一带一路”倡议核心区的新疆，研究“一带一路”的文化内涵当仁不让。根据考证，“玉石之路”比“丝绸之路”出现得更早，玉帛更是和平的象征和文化交流的见证，玛纳斯碧玉产自新疆，传播中华玉文化，可以促进丝绸之路经济带沿线国家对

中华文化的认同。可把宣传玛纳斯碧玉文化与“一带一路”倡议结合起来，打造成中西文化交流和中华灿烂文明的物质载体，让中华玉文化走向世界，传递中华文化“化干戈为玉帛”的以和为贵的理念。

主要参考文献

1. 郭福祥:《乾隆宫廷玛纳斯碧玉研究》，故宫出版社，2015年。

2. 故宫博物院、新疆维吾尔自治区玛纳斯县人民政府编《故宫博物院藏清代碧玉器与玛纳斯》，故宫出版社，2014年。

3. 张广文等编《玛纳斯碧玉》，新疆人民出版社，2013年。

4. 贾海生:《周代礼乐文明实证》，中华书局，2010年。

5. 北京艺术博物馆编《时空穿越：红山文化出土玉器精品展》，北京美术摄影出版社，2012年。

6. 北京大学震旦古代文明研究中心等编《早期夏文化与先商文化研究论文集》，科学出版社，2012年。

7. 曹建墩:《先秦礼制探赜》，天津人民出版社，2010年。

8. 陈其泰、郭伟川、周少川编《二十世纪中国礼学研究论集》，学苑出版社，1998年。

9. 杜勇:《中国早期国家的形成与国家结构》，中国社会科学出版社，2013年。

10. 季广茂:《意识形态》，广西师范大学出版社，2005年。

11.[法]让－马克·夸克:《合法性与政治》，佟心平等译，中央编译出版社，2002年。

12. 古方、李红娟编《古玉的玉料》，文物出版社，2009年。

13. 郭成伟主编《社会控制：以礼为主导的综合治理》，中国政法大学出版社，2008年。

14. 韩建业:《早期中国：中国文化圈的形成和发展》，上海古籍出版社，2015年。

15. 梵人、何昊、王志安编著《玉石之路——遗失在古墓中的历史》，中国文联出版社，2004年。

16. 冯璩:《中国新礼治社会政治与法律传统研究》，法律出版社，2014年。

17. 黄敬刚:《曾侯乙墓礼乐制度研究》，人民出版社，2013年。

18. 何兹全:《中国社会史研究导论》，商务印书馆，2010年。

19. 马珺:《礼法影响下的中国传统法律文化》，中央文献出版社，2003年。

20. 马小红:《礼与法：法的历史连接》，北京大学出版社，2004年。

21. 欧阳祯人:《从简帛中挖掘出来的政治哲学》，武汉大学出版社，2010年。

22. 孙庆伟:《追迹三代》，上海古籍出版社，2016年。

23. 孟慧英:《中国原始信仰研究》，中国社会科学出版社，

2010年。

24. 宋镇豪:《夏商社会生活史》，中国社会科学出版社，1994年。

25. 苏秉琦:《满天星斗：苏秉琦论远古中国》，中信出版社，2016年。

26. 李学勤主编《中国古代文明与国家形成研究》，中国社会科学出版社，2007年。

27. 李学勤:《走出疑古时代》，辽宁大学出版社，1994年。

28. 李泽厚:《由巫到礼 释礼归仁》，生活·读书·新知三联书店，2015年。

29. 李宏为:《乾隆与玉》，华文出版社，2013年。

30. 林富士:《巫者的世界》，广东人民出版社，2016年。

31. 彭林、单周尧、张颂仁主编《礼乐中国：首届礼学国际学术研讨会论文集》，上海书店出版社，2013年。

32. 王海洲:《政治仪式：权力生产和再生产的政治文化分析》，江苏人民出版社，2016年。

33. 许宏:《大都无城：中国古都的动态解析》，生活·读书·新知三联书店，2016年。

34. 邹昌林:《中国古代国家宗教研究》，学习出版社，2004年。

35. 邹昌林:《中国礼文化》，社会科学文献出版社，2000年。

36. 王启发:《礼学思想体系探源》，中州古籍出版社，2005年。

37. 吴江:《中国封建意识形态研究》，兰州大学出版社，2003年。

38. 吴十洲:《两周礼器制度研究》，商务印书馆，2016年。

39. 徐坚:《时惟礼崇：东周之前青铜兵器的物质文化研究》，上海古籍出版社，2014年。

40. 郭伟川:《儒家礼治与中国学术——史学与儒、道、释三教论集(修订本)》，北京图书馆出版社，2002年。

41. 胥仕元:《秦汉之际礼治与礼学研究》，人民出版社，2013年。

42. 施治生、徐建新主编《古代国家的等级制度》，中国社会科学出版社，2003年。

43.[德]马克思·韦伯:《经济与历史 支配的类型》，康乐等译，广西师范大学出版社，2004年。

44.[德]罗曼·赫尔佐克:《古代的国家——起源和统治形式》，赵蓉恒译，北京大学出版社，1998年。

45. 文史哲编辑部编《早期中国的政治与文明》，商务印书馆，2011年。

46. 张利军:《商周服制与早期国家管理模式》，上海古籍出版社，2016年。

47. 苏秉琦:《中国文明起源新探》，辽宁人民出版社，2011年。

48. 宋志英编《〈穆天子传〉研究文献辑刊》，国家图书馆出版社，2014年。

49. 宋大琦:《程朱礼法学研究》，山东人民出版社，2009年。

50.[日]林巳奈夫:《神与兽的纹样学——中国古代诸神》，

常耀华等译，生活·读书·新知三联书店，2009年。

51.[英]柯律格：《长物：早期现代中国的物质文化与社会状况》，生活·读书·新知三联书店，2015年。

52.[美]利昂·p·巴拉达特：《意识形态起源和影响》，张慧芝等译，世界图书出版公司北京公司，2010年。

53.[美]巫鸿：《武梁祠——中国古代画像艺术的思想性》，生活·读书·新知三联书店，2015年。

54.陈星灿：《中国史前考古学史研究（1895~1949）》，社科文献出版社，2007年。

55.孙庆伟：《周代用玉制度研究》，上海古籍出版社，2008年。

56.苏秉琦主编《中国远古时代》，上海人民出版社，2014年。

57.中国社会科学院考古研究所：《中国文明起源研究要览》，文物出版社，2003年。

58.中国社会科学院考古研究所编著《殷墟玉器》，文物出版社，1984年。

59.中国社会科学院考古研究所、北京艺术博物馆编《天地之灵——中国社会科学院考古研究所发掘出土商与西周玉器精品展》，北京美术摄影出版社，2013年。

60.北京艺术博物馆：《玉泽陇西——齐家文化玉器》，北京美术摄影出版社，2015年。

61.中国社会科学院考古研究所编著《安阳殷墟出土玉器》，科学出版社，2005年。

62. 高崇文:《古礼足征：礼制文化的考古学研究》，上海古籍出版社，2015年。

63. 杨伯达主编《中国玉文化玉学论丛》，紫禁城出版社，2002年。

64. 杨伯达主编《中国玉文化玉学论丛续编》，紫禁城出版社，2004年。

65. 杨伯达主编《中国玉文化玉学论丛三编》，紫禁城出版社，2005年。

66. 杨伯达主编《中国玉文化玉学论丛四编》，紫禁城出版社，2006年。

67. 杨伯达:《中国史前玉文化》，浙江文艺出版社，2014年。

68. 杨伯达:《巫玉之光：中国史前玉文化论考》，上海古籍出版社，2005年。

69. 杨伯达，曾卫胜主编《辉煌十年 继往开来》，地质出版社，2010年。

70. 杨东晨:《周公旦与西周礼治文明》，陕西人民出版社，2010年。

71. 岳天明:《政治合法性问题研究——基于多民族国家的政治社会学分析》，中国社会科学出版社，2006年。

72. 卢兆荫:《玉振金声——玉器·金银器考古学研究》，科学出版社，2007年。

73. 荆志淳等编《多维视域——商王朝与中国早期文明研究》，科学出版社，2008年。

74. 刘国祥、于明主编《名家论玉（二）》，科学出版社，2009年。

75. 刘国祥、于明主编《名家论玉（三）》，科学出版社，2010年。

76. 林欢:《宋代古器物学笔记材料辑录》，上海人民出版社，2013年。

77. 俞仁良译注《礼记通译》，上海辞书出版社，2010年。

78. 宋兆麟:《巫与祭司》，商务印书馆，2013年。

79. 中国国家博物馆、浙江省文物局编《文明的曙光——良渚文化文物精品展》，中国社会科学出版社，2005年。

80. 邓聪编《东亚玉器》，中国考古艺术研究中心，1998年。

81. 胡谦盈:《周文化及相关遗存的发掘与研究》，科学出版社，2010年。

82. 香港中文大学中国考古艺术研究中心、北京大学中国考古学研究中心:《东亚牙璋图展》，2016年。

83. 安徽省文物考古研究所编《凌家滩玉器》，文物出版社，2000年。

84. 安徽省文物考古研究所编《凌家滩文化研究》，文物出版社，2006年。

85. 浙江省文物考古研究所等编《良渚文化玉器》，文物出版社，1990年。

86. 浙江省文物考古研究所等编《瑶山》，文物出版社，2003年。

87. 浙江省文物考古研究所等编《反山》，文物出版社，2005年。

88. 浙江省文物考古研究所等编《良渚遗址群》，文物出版社，2005年。

89. 浙江省文物考古研究所等编《庙前》，文物出版社，2005年。

90. 浙江省文物考古研究所编《第二届中国古代玉器与传统文化学术讨论会专辑》，杭州出版社，2004年。

91. 浙江省文物考古研究所等编著《权力与信仰：良渚遗址群考古特展》，文物出版社，2015年。

92. 荆州博物馆编著《石家河文化玉器》，文物出版社，2008年。

93. 良渚遗址遗产价值对比研究之“玉器·玉文化·夏代中国文明”学术研讨会暨中华玉文化中心第四届年会:《交流材料》，中华玉文化研究会，2014年。

94. 许宏:《何以中国：公元前2000年的中原图景》，生活·读书·新知三联书店，2016年。

95. 吴大澂:《古玉图考》，中华书局，2013年。

96. 韦心滢:《殷代商王国政治地理结构研究》，上海古籍出版社，2013年。

97. 朱金坤主编《神圣与精致——良渚文化玉器研究》，西泠印社出版社，2010年。

98. 费孝通主编《玉魂国魄——中国古代玉器与传统文化学

术讨论会文集》，燕山出版社，2002年。

99. 张忠培、徐光冀主编《玉魂国魄——中国古代玉器与传统文化学术讨论会文集（三）》，燕山出版社，2008年。

100. 杨晶、蒋卫东主编《玉魂国魄——中国古代玉器与传统文化学术讨论会文集（四）》，浙江古籍出版社，2010年。

101. 杨晶、蒋卫东主编《玉魂国魄——中国古代玉器与传统文化学术讨论会文集（五）》，浙江古籍出版社，2012年。

102. 杨晶、蒋卫东主编《玉魂国魄——中国古代玉器与传统文化学术讨论会文集（六）》，浙江古籍出版社，2014年。

103. 杨晶、陶豫主编《玉魂国魄——中国古代玉器与传统文化学术讨论会文集（七）》，浙江古籍出版社，2016年。

104. 杨晶：《中国史前玉器的考古学探索》，社会科学文献出版社，2011年。

105. 叶舒宪：《中华文明探源的神话学研究》，社会科学文献出版社，2015年。

106. 俞荣根：《礼法传统与中华法系》，中国民主法制出版社，2016年。

107. 张忠培：《中国考古学　走向与推进文明的历程》，紫禁城出版社，2004年。

108. 唐雄山：《贾谊礼治思想研究》，中山大学出版社，2005年。

109. 张闻玉等编《夏商周三代纪年》，科学出版社，2016年。

110. 张造群：《礼治之道——汉代名教研究》，人民出版社，

2011年。

111. 张渭莲:《商文明的形成》，文物出版社，2008年。

112. 于明主编《如玉人生——庆祝杨伯达先生八十华诞文集》，科学出版社，2006年。

113. 田广林、刘国祥主编《红山文化论著粹编·综合研究卷》，辽宁师范大学出版社，2015年。

114. 杨建芳师生古玉研究会编著《玉文化论丛1》，文物出版社，2006年。

115. 杨建芳师生古玉研究会编著《玉文化论丛2》，文物出版社，2009年。

116. 杨建芳师生古玉研究会编著《玉文化论丛3》，文物出版社，2009年。

117. 杨建芳师生古玉研究会等编著《玉文化论丛4——红山玉文化专号》，众志美术出版社，2011年。

118. 杨建芳师生古玉研究会编著《玉文化论丛5》，众志美术出版社，2013年。

119. 杨建芳师生古玉研究会编著《玉文化论丛6》，众志美术出版社，2016年。

120. 杨建芳:《中国古玉研究论文集》，众志美术出版社，2010年。

121. 杨建芳:《中国古玉研究论文集续集》，文物出版社，2012年。

122. 尤仁德:《古代玉器通论》，紫禁城出版社，2009年。

123. 姚士奇:《中国的玉文化》，中国国际广播出版社，2010年。

124. 中国文物学会玉器专业委员会编《丝绸之路与玉文化研究》，故宫出版社，2016年。

125. 赵汀阳:《惠此中国：作为一个神性概念的中国》，中信出版社，2016年。

126. 赵朝洪:《中国古玉研究文献指南》，科学出版社，2004年。

127. 周膺:《良渚文化与中国文明的起源》，浙江大学出版社，2010年。

128. 考古杂志社编《二十世纪中国百项考古大发现》，中国社会科学出版社，2002年。

129.《帝王世纪 世本 逸周书 古本竹书纪年》，齐鲁书社，2010年。

后 记

本书是“昌吉州丝绸之路文化丛书”之一，这套丛书由新疆考古学家巫新华研究员主编，我有幸参与了丛书中关于玛纳斯碧玉的撰写。巫新华研究员是我的良师益友，也是我新疆研究的引路人，在我援疆三年期间在工作学习生活上给予了我大量的支持和帮助。

我本科硕士博士学的都是政治学理论，踏入玉文化研究的领域后，发现玉真是太重要了，玉作为一种物质，从政治学的角度来看，在中国古代政治体系和历史文化中发挥了不可替代的作用，特别是与我国古代政治制度和政治生活、政治等级、传统礼制、原始宗教信仰和意识形态、儒家政治哲学、中央与地方关系和边疆治理紧密相关，可以说中国古代治国理政离不开玉。

我来新疆工作的三年间，走访了新疆产玉地区的山山水水，也攀谈过与玉相关的维吾尔族贩玉人、手艺人、商户、文化学者、政府官员等，发现玉在新疆的特殊性和重要价值远非原产地这么简单，玉产在新疆，却早在商代以前就源源不断且从未间断地输送到中原地区，被中原人士所喜爱，并作为了彰显礼仪的重要器物，后来又作为了儒家文化“君子比德”的物质载体，简而言之，新疆的玉是中华文化的象征之一。新疆的玉一般泛指和田玉，与和田玉同属透闪石玉的玛纳斯玉，从现代矿物学的角度而言有同属性，从历史文化价值来看，产自昆仑山的和田玉在中华玉文化角度自然无可撼动，但玛纳斯碧玉在天山北麓的特殊地位和曾在清代作为皇家玉矿的“高贵血统”给万古长河的中华玉文化留下了一抹清新的绿色。

本书从承担到完成用了一年时间，感谢昌吉州党委宣传部对丛书和本书从撰写到出版过程的大力支持，感谢玛纳斯县委、县政府在本书撰写过程中给予的大力帮助。感谢玛纳斯县杨立新老师给予的悉心指点，让我对玛纳斯历史文化有了详细的了解。感谢玛纳斯县工艺美术协会的余鸿奇、赵刚、俞涵钟、刘强和周江前辈老师给予的积极协助，李新岭、施光海两位老师在玛纳斯矿物学方面给予了我大量的帮助，感谢邓淑萍老师远在台湾给予的指导和关心，感谢扬州的顾铭、余勇、冯钤、金铭在资料和图片上给予的支持和指点，感谢自治区博物馆的陈龙老师在百忙之中帮我拍摄宫廷玛纳斯碧玉的图片，解了我的燃眉之急。感谢闫章默、陈一雄在拍摄上给予的专业支持，最后要感谢刘高铭、王铭颖、任建红、陈赛格、彭芳在搜集资料、调研及拍摄方面付出的心血和给我的协助，没有你们这本书很难在短期内出版。受到突如其来的新冠疫情影响，原本计划对玛纳斯碧玉玉矿进行踏查的计划受到了影响，留下了些遗憾，希望今后有机会可以弥补。

本书成书仓促，还有很多不成熟之处，如有错谬和不当还请方家给予批评指正。